内容提要

复合改性沥青路用性能研究

陈宇坤 李武安 刘香梅 编著

黄河水利出版社

·郑 州·

内 容 提 要

本书密切结合我国城市道路建设的实际,对复合改性沥青进行了较为系统的研究。全书共分 13 章,主要内容包括:在充分调研的基础上,系统归纳分析了改性剂在改性沥青中的应用现状;对原材料的常规性能进行了分析,提出了纳米材料的表面修饰方法;系统分析了纳米碳酸钙对沥青及混合料的性能改善效果及微观机制;优选出三种改性剂的最佳组合掺量,探究了多尺度纳米材料在老化过程中的变化规律;详细评价了复合改性沥青的综合性能及路用性能效果。

本书可供从事道路工程材料生产、研究及相关工程技术人员学习参考。

图书在版编目(CIP)数据

复合改性沥青路用性能研究/陈宇坤,李武安,刘香梅编著. —郑州:黄河水利出版社,2024.1
ISBN 978-7-5509-3826-7

Ⅰ.①复… Ⅱ.①陈… ②李… ③刘… Ⅲ.①改性沥青-研究 Ⅳ.①TE626.8

中国国家版本馆 CIP 数据核字(2024)第 022656 号

组稿编辑:王路平　电话:0371-66022212　E-mail:hhslwlp@ 126. com
　　　　　田丽萍　　　0371-66025553　　　912810592@ qq. com

责任编辑:景泽龙　责任校对:郭　琼　封面设计:张心怡　责任监制:常红昕
出版发行:黄河水利出版社
　　　地址:河南省郑州市顺河路 49 号　邮政编码:450003
　　　网址:www. yrcp. com　E-mail:hhslcbs@ 126. com
　　　发行部电话:0371-66020550,66028024
承印单位:河南新华印刷集团有限公司
开本:787 mm×1 092 mm　1/16
印张:9. 75
字数:230 千字
版次:2024 年 1 月第 1 版　　　　印次:2024 年 1 月第 1 次印刷
定价:80. 00 元

前　言

　　随着公路交通在运输体系中的快速发展,全国高速公路总里程呈逐年增长趋势。在"十四五"期间,我国将实现 25 000 km 高速公路改建的目标,基本实现"71118"国家高速公路网主线贯通。随着我国人民生活水平的提高,人们对社会各方面的需求也在不断提高,加强道路建设对以后我国人民的行车舒适、安全至关重要。沥青作为路面材料中最重要的材料之一,现在的应用十分广泛。诸多优势集于一身的沥青材料广泛应用于高等级路面,占比高达 90%以上。沥青路面属于柔性路面,具有行车舒适、噪声小、施工速度快、不扬尘、易修复等优点,但随着近年来道路使用环境的日益复杂、交通量的增加及气候环境的恶化,现在沥青路面很难满足使用需求,沥青路面在服役的过程中受到温度、光、水及紫外线等作用而发生老化,导致沥青路面的低温抗裂性下降,进而沥青的弹性也会降低,影响其路用性能。作为一种高损耗材料,沥青路面容易出现危及道路安全的裂缝、坑洼等疾病,故而实际使用寿命比道路设计寿命短。随着技术进步和相关知识领域技术的发展,通过在沥青中添加改性材料来提高其路用性能成为一项值得去深入研究拓展的领域,通过在沥青中添加改性剂来提高其物理性能和抗老化性能,这对满足现代交通行车安全具有重要意义。

　　丁苯橡胶(SBR)改性沥青在国内外的道路工程中被广泛应用,丁苯橡胶性质与天然橡胶相类似,因此被列为橡胶类聚合物,具有防震、保温、弹性好、不透水、不透气等特点。经国内外多年研究,被业内学者广泛应用,其主要原因是丁苯橡胶可以提高沥青及沥青混合料的性能,显著提高沥青的低温延度,较大程度提高沥青混合料的低温抗裂性,应用在寒冷地区能够延长路面的使用寿命。随着丁苯橡胶应用的不断推广,其已被列入道路应用规范中,为道路工程做出了贡献。我国改性沥青的研究虽然起步较晚,但是其研究范围较广,从改性剂种类到制备工艺和评价手段都有涉及,取得了一定的成绩。与此同时,改性沥青的加工工艺也得到了很大的改进,丁苯橡胶改性沥青越来越受到大家的重视。丁苯橡胶改性沥青在我国主要应用于寒冷地区,如青海、西藏、内蒙古等省区,并且各项指标也达到了国家标准。丁苯橡胶改性沥青具有价格便宜、施工快捷的优点,且具有良好的低温抗裂性能和韧性等性能,所以已被行业认可。

　　随着纳米材料的诞生,纳米技术也得到了进一步的推广应用,其中纳米材料改性沥青也成为其中很重要的方向。早在 1899 年法国就应用橡胶对沥青进行改性,并应用到了沥青路面中。1945 年,美国机场的沥青路面使用了橡胶改性沥青,获得了突出成效,自此,改性沥青得到了广泛的关注。国外的纳米碳酸钙生产及市场比较成熟,日本的纳米碳酸钙生产技术处于国际领先地位,1914 年以来,日本在这方面不断做出技术创新,并且取得了很大成就。英国著名的 ICI 公司一直垄断欧洲市场,主宰着高档超细碳酸钙市场。美国侧重于开发造纸和涂料用纳米碳酸钙产品。我国纳米碳酸钙研究起步较晚,从 20 世纪80 年代开始,我国对改性沥青也越来越重视,先后制定了改性沥青设计和施工等规范。

近年来,纳米材料改性沥青成为一种新技术出现在人们眼前,不同于聚合物改性沥青,其处于纳米级别,能够在纳米尺度上对基质沥青进行改性,而且所得到的纳米材料改性沥青具有稳定性好、改性效果显著等特点,其中较为突出的是无机纳米材料改性沥青。为得到改性效果较显著的纳米材料,无机纳米材料复合改性沥青也在重点研究中,许多著名的碳酸钙企业都在积极地研究它的生产和技术应用,其领域不断地扩展,市场规模也不断变大。此外,国内部分学者也将纳米氧化锌加入基质沥青当中,针对混合后的改性沥青对其性能和共混机制进行了分析,研究结果表明,纳米氧化锌不仅能够提高沥青的高温、低温、黏度和抗疲劳性能,而且能提高沥青的抗老化性能。

本书密切结合我国城市道路建设的实际,对复合改性沥青进行了较为系统的研究。首先,对纳米碳酸钙、纳米氧化锌选用不同的偶联剂,对其表面进行修饰,通过亲油化度试验确定两种材料活化时所需的偶联剂最佳用量,并对其确定的偶联剂和用量采用微观手段进行了验证和分析;其次,通过对纳米碳酸钙、纳米氧化锌和丁苯橡胶这三种改性沥青的针入度、软化点、延度及针入度指数、当量软化点、当量脆点进行试验,分析得出每种材料的3组最佳掺量,根据确定的3组最佳掺量进行正交试验,又通过正交试验最终确定每种材料的最佳掺量;然后,对复合改性沥青通过老化试验、旋转黏度试验、DSR试验、BBR试验,分析改性剂对沥青老化性能、黏性、高温性能和低温性能的影响;最后,通过扫描电镜和红外光谱试验,对复合改性沥青的微观机制进行了初步分析。

本书在编写过程中引用了大量的参考文献。在此,谨向为本书的完成提供支持和帮助的单位、所有研究人员和参考文献的作者表示衷心的感谢!

由于作者水平有限,书中难免存在不妥之处,敬请读者朋友批评指正。

作 者

2023 年 12 月

目 录

第1章 绪 论

1.1 研究背景和意义

随着公路交通在运输体系中的快速发展,全国高速公路总里程呈逐年增长趋势。在"十四五"期间,我国将实现 25 000 km 高速公路改建的目标,基本实现"71118"国家高速公路网主线贯通[1]。近几年国民经济飞速发展,我国对公路建设也越来越重视,也正印证着那句话:要想富,先修路。路桥联系着国民的心,拉近人与人之间的距离。比如于2018 年通车的港珠澳大桥,于 2019 年 12 月 1 日开通的郑万高铁、郑阜高铁等,彰显着我国路桥的迅速发展和壮大。随着人们生活水平的提高,人们对社会发展各方面的需求也在不断地提高,加强道路建设对人们的行车舒适、安全至关重要。在 20 世纪 80 年代,中国开始在经济比较发达的地区建设高速公路,至此高速公路成了中国社会经济发展的必然产物[2]。高速公路的优点如下:①高速公路加快了城市与农村的联系,适应了工业化和城市化的发展,慢慢成了城市交通的骨干;②汽车的快速发展也提高了高速公路对基础设施如轻型化和重载化的要求;③高速公路在铁路运输能力不足和进出通道不畅的地区起到重要作用[3-4]。

良好的道路环境是建设公路交通的重要基础,也是贯彻新发展理念的必然要求。在道路工程这个领域,沥青是路面材料中最重要的材料之一,应用十分广泛。诸多优势集于一身的沥青材料广泛应用于高等级路面,占比高达 90%以上。目前,在世界各国的高等级路面中,沥青类路面越来越多,因为沥青路面比水泥路面有着诸多优点。沥青路面属于柔性路面,具有行车舒适、噪声小、施工速度快、不扬尘、易修复等优点;而水泥路面是刚性路面,对路基有着很高的要求,路基变形之后路面极易发生破坏,一旦发生局部破坏,会影响行车舒适度,也将对路面造成很大的影响。虽然沥青路面有很多优点,但是随着近年来道路使用环境的日益复杂、交通量的增加及气候环境的恶化,现在沥青路面很难满足使用需求,沥青路面在服役的过程中受到温度、光、水及紫外线等作用而发生老化,导致沥青路面的低温抗裂性下降,进而沥青的弹性也会降低,影响其路用性能。一般高速公路沥青路面设计正常使用年限是 15 年,但长期使用过程中其不仅承受交通负荷压力,而且要受自然环境和气候的反复作用。作为一种高损耗材料,沥青路面容易出现危及道路安全的裂缝、坑洼等疾病,故而实际使用寿命比道路设计寿命短。随着技术进步和相关知识领域拓展,在沥青中添加改性材料来提高其路用性能成为一项值得深入研究拓展的领域,除此之外,使用大量新技术、新方法、新工艺进行预防性养护,也被用来实现延长路面使用寿命的目的。此外,通过在沥青中添加改性剂来提高其物理性能和抗老化性能,这对满足现代交通行车安全具有重要意义。

沥青路面最常出现的病害就是孔洞裂缝、坑槽塌陷,除了有施工操作技术的因素,主要原因就是路面老化。出现老化主要是在重复重载以及高温等环境因素下,沥青混合料内部的集料与沥青发生了黏结力下降甚至发生移动[5]。以物理共混方式改性沥青的传统聚合物改性剂存在与沥青相容性差、运输过程易离析的问题,最终会造成施工成本增加[6]。聚氨酯等化学改性剂则通过改变沥青化学组分的方式,产生新的微观交联或化学键,从根本上改变沥青结构,二者良好相容共混使沥青性能更好发挥。因单一化学改性沥青在掺量上有局限性,例如一旦超过某个阈值就会对性能产生负面影响,所以化学改性沥青目前在我国道路上使用较少,想要综合提高各方面性能,仍需深入研究改性剂最佳掺量[7]。目前,国内外大多数改性剂是聚合物,用于道路沥青改性的聚合物主要有三类:①树脂类(聚乙烯、聚丙烯等)改性沥青,树脂类聚合物的加入能够很好地改善沥青的高温稳定性和抗车辙能力,但沥青路面的低温性能却没有得到提高;②橡胶类(丁苯橡胶、氯丁橡胶、橡胶粉等)改性沥青,橡胶类聚合物的加入对于改善沥青的低温抗裂性、黏结性能效果较好;③热塑性弹性体类(苯乙烯丁二烯嵌段共聚物、苯乙烯–异戊二烯嵌段共聚物等)改性沥青,热塑性弹性体类聚合物加入沥青中具有良好的温度稳定性,能够降低温度敏感性,增强耐老化、耐疲劳性能,基质沥青的高低温性能明显得到提高[8]。但是这种单一的改善沥青的性能仍然满足不了沥青的耐久性,因为有些聚合物在使用过程中受热、光照等会发生分解,从而降低改性效果。

由于沥青路面具有施工简单和行车舒适等优点,我国 90% 以上的高速公路均使用沥青铺设。但复杂的环境变化和重载渠化交通比例逐年增加,传统的沥青路面在服役期间容易出现路面病害,使得道路的服务质量急速下降[9-10],这是新时期建设高品质现代化公路体系面临的主要困难之一,故对原有沥青进行改良以提高其路用性能已成为交通领域重要的研究方向。传统沥青路面中常添加的改性剂为类似于废橡胶粉的聚合物,这类聚合物虽然在一定程度上可以有效提高沥青性能,但在老化性能方面会产生副作用[11]。近年来,人们开始在聚合物改性沥青中加入无机纳米粒子如纳米氧化锌、纳米二氧化钛、纳米二氧化硅等,或者在基质沥青中通过加入多维度、多尺度的材料和无机纳米粒子进行复配,从而起到改善沥青的高低温性能、抗紫外光老化能力等作用。纳米改性沥青的效果也取决于纳米材料的微观特性,它的这些特性能够很好地与沥青结合在一起,并且能够发挥出其他改性沥青达不到的稳定性[12]。张恒龙等[13]通过对纳米二氧化硅进行表面的修饰,然后加入沥青中,对沥青进行了物理性能和紫外老化性能的研究,分析了表面修饰过的二氧化硅与表面未修饰的二氧化硅对沥青性能的影响,得出了加入表面修饰纳米二氧化硅的沥青物理性能得到明显的提高,且表现出优良的抵抗紫外线老化性能。张恒龙等[14]在研究中通过添加不同剂量的有机蛭石和纳米氧化锌组合成多尺度纳米材料,根据流变试验和动态剪切试验,分析其对再生沥青的影响,得出了多尺度纳米材料能够提高再生沥青的抗氧光老化能力;张恒龙等[15]在沥青中添加了有机蛭石和二氧化钛,通过对改性沥青的物理性能、流变性能以及在不同老化方式下的分析,最终得出在最佳掺量下的复配改性剂能够明显改善沥青的长短期老化性能。沥青性能的提高,可以预防路面损害的发生,提高沥青路面的使用性能和使用寿命,大大降低沥青路面后期的维护费用。随着我国公路沥青路面建设规模的扩大,提高沥青路面的使用性能对今后的社会发展有着重要意义。

目前,我国公路用于增加沥青低温延度的添加剂绝大部分使用的是热塑性橡胶(SBS)改性沥青,但是由于 SBS 的生产和施工技术要求高以及价格昂贵等因素,SBS 改性沥青主要用于高等级路面,而对于造价低廉的 SBR 改性沥青却少有人问及。由于丁苯橡胶聚合物以突出的高低温性能被应用到改性沥青中,且国内丁苯橡胶粉末具有造价相对便宜、低温延展性能突出等优点,所以选丁苯橡胶作为本次研究材料之一。其次,通过查阅相关文献发现纳米碳酸钙和纳米氧化锌对其沥青性能的提高有显著的影响,其中纳米碳酸钙以其低廉价格、生产工艺成熟而备受关注,而且纳米碳酸钙对改性沥青的软化点和黏度有很大的改善。纳米氧化锌在现在的市场中价格较低,且能提高抗紫外线老化能力、提高热拌沥青混合料的沥青力学性能、降低永久变形的病害。因此,采用把三者复配在一起来全面提高沥青的性能。本书研究涉及物理、化学等多方面的知识,在工程实际应用中也有非常广阔的应用前景。

1.2 纳米碳酸钙、氧化锌及丁苯橡胶改性沥青国内外研究现状

1.2.1 沥青的来源及分类

沥青根据获取方式的不同分为两大类,分别是地沥青和焦油沥青[16]。地沥青有两种来源,一种是天然形成,另一种是来自石油工业生产中的副产品。因此,可以将地沥青分为天然沥青和石油沥青两大类。天然沥青是石油在自然界长期受地壳挤压并与空气、水接触逐渐变化而形成的,以天然形态存在的石油沥青。天然沥青又名"湖沥青"和"岩沥青",沥青里边天然矿物质含量一般较高。石油沥青是炼制石油时的副产品,在地壳中的原油,经过开采加工而获得的沥青,其主要成分为碳氢化合物。这种石油沥青在实际工程道路中是应用最为广泛的[17-18]。石油沥青又可分为不同的类型,如聚合物改性沥青、乳化沥青和再生沥青等。本书主要研究的是石油沥青。

1.2.2 石油沥青的组成

尽管石油沥青的来源并不相同,但石油主要是由氢元素(占 11%~14%)和碳元素(83%~87%)组成的多种碳氢化合物,除此之外,还含有少量的硫、氧及金属等杂质[19-20]。石油沥青的组分其实是相当复杂的,虽然目前尚不能完全将其组分与路用性能完全联系起来,但是根据专家们多年的研究,可以把沥青中主要的组分分为沥青质、芳香分、饱和分和胶质,以下这几个组分被认为与沥青的路用性能有一定的关系:

(1)沥青质。沥青质是一种黑色或棕色的无定形固体,且不溶于正庚烷,相对密度比胶质大,分子量在 1 000~100 000 范围内,在沥青中沥青质的含量一般占 5%~25%。极性强,分子量大,其含量对沥青流变特性有很大的影响,沥青质的含量决定了沥青的针入度和软化点大小。

(2)芳香分。油分是沥青中呈黏稠状的透明液体,可增大沥青的流动性,改善沥青的低温柔软性,但同时会降低软化点和黏滞度。在外界条件作用下,油分可以转化为胶质。

油分又分为饱和分和芳香分。芳香分由沥青中的环烷芳香化合物组成,与非极性的共聚物相容性很好,它是胶溶沥青质分散介质的主要部分,其占沥青总量的 20%~50%,对高分子烃类有很强的溶解能力,是呈深棕色的黏稠液体。

(3)饱和分。饱和分主要由正构烷烃、异构烷烃以及环烷烃组成,基本上不含芳香分,在沥青中的含量达到 5%~20%。此外,蜡组分主要存在于饱和分中,在常温下呈现出白色结晶或无定形状态。蜡主要影响沥青的温度敏感性,在高温时使得沥青容易发软,导致路面产生车辙,低温时会使沥青变得硬脆,导致路面低温抗裂性变差。

(4)胶质。沥青中的胶质属于黏稠状的物质,其中含有丰富的杂元素,其黏附力较好且可溶于正庚烷,相对密度大于油分,决定着沥青的黏结能力和延展度。胶质与沥青质有点相似,主要也是由碳、氢这两种元素组成的,含少量的氧、硫等元素。当沥青中的胶质含量较多时,沥青的延度和黏结力均会增加,其将会具有很好的黏附力,使沥青有很好的延展度,并在一定程度上影响着沥青类型[21]。

1.2.3　SBR 改性沥青国内外研究现状

改性沥青在我国公路上应用已经十多年,常用的道路沥青改性剂有三类:热塑性橡胶类(SBS)、橡胶类(SBR)和热塑性树脂类(LDPE、EVA 等),不同改性剂对于沥青的改性效果不同。SBS 可以改善沥青的高低温性能、水稳定性以及抗车辙能力,SBR 主要改善沥青的低温抗裂性和韧性,而 EVA 和 LDPE 主要增加了沥青的稳定性和劲度模量,提高永久抗变形能力。

SBR 丁苯橡胶性质与天然橡胶相类似,因此被列为橡胶类聚合物,主要由丁二烯和苯乙烯共聚制得,因其自身综合性能和化学稳定性好,具有防震、保温、弹性好、不透水、不透气等特点[22]。经国内外多年研究,丁苯橡胶被业内学者广泛应用,其主要原因是它可以提高沥青及沥青混合料的大部分性能,尤其是沥青的低温抗裂性能和黏结性能,显著提高沥青的低温延度,较大程度提高沥青混合料的低温抗裂性。SBR 改性沥青在国内外的道路工程中已被广泛应用。SBR 改性剂能够改善沥青的低温延度,提高沥青混合料的低温抗裂性能,应用在寒冷地区能够延长路面的使用寿命[23]。随着 SBR 应用的不断推广,其已被列入道路应用规范中,为道路工程做出了贡献。

20 世纪 40 年代,德国和美国就先后开发了采用高、低温乳液聚合法合成丁苯橡胶的方法,使 SBR 能够在工业线上进行大量生产。自 1990 年起,日本侧重于 SBR 预混法的应用,因为预混法能够与沥青均匀混合、脱水,所以改性沥青的效果得到了明显的改善。当今,国外独自采用 SBR 胶乳改性基质沥青的并不常见,通常选取经过改性的 SBR 胶乳来进一步改性沥青,如日本 JSR 株式会社生产的 ROADEX U-Ⅱ改性剂就是将 SBR 作为主剂,既可以使其保持较好的低温性能,又可以提高其高温稳定性,以满足沥青路面抗车辙性能的要求。目前 SBR 在美国与日本主要用于表处层,主要作用是提高沥青与矿料的黏附性。国外改性沥青的发展历程如下[24]:

(1)1950—1960 年,天然橡胶粉被作为主要材料,直接掺在沥青中,制备成改性沥青,最后制成沥青混合料,应用到道路面层,起到了降噪声的效果。

(2)1960—1970 年,丁苯橡胶 SBR 被制备成改性沥青,并取得了试验成功,直接采用乳胶的方法,按一定比例掺在混合料中使用。

(3)1971—1988 年,EVA 和 PE 等橡胶得到推广和应用。

(4)1988 年至今,随着重载交通、交通流量等增大,各国根据改性沥青材料的性能不同,制定和推出了不同的沥青技术标准。

随着沥青路用性能评价指标体系研究的发展,美国提出了新的沥青结合料路用性能评价体系:美国战略公路研究计划(SHRP),它提出沥青流变性能指标的评价体系。

目前国外对 SBR 研究的重点是对其路用性能评价指标体系的研究,对于改性沥青的评价体系分两种:一种是美国国家战略公路研究计划(SHRP)提出的流变学指标体系 AASHTOMP1 及其修订稿评价方法;另一种是美国材料与试验协会(ASTM)和德国工业标准(DIN)所规定的对于非改性沥青的标准和一些进行适当修改后的试验条件分析测试方法。目前,国外对 SBR 的研究主要是:

Murakami 通过合成多异氰酸酯和多羟基二烯,制备成了聚氨酯预聚体,与丁苯乳胶混合,将混合好的混合物用于沥青的改性。试验结果表明,改性沥青的软化点性能得到提高,黏度降低,解决了部分地区道路施工困难[25]。

美国 ASTM D5840-95 中仅规定了"SBR 胶乳或 CR 胶乳类"改性沥青标准,不适用于溶剂法的情况,这主要是因为固体橡胶和沥青相容性很差,选取溶剂法生产橡胶沥青在投入现场使用中时工艺相对比较繁杂,而合成橡胶工厂在生产 SBR 时必须将胶乳破乳、脱水,所以完全可以在胶乳阶段就作为改性剂应用于沥青改性,这不仅在经济上有很大的节约,也给使用上创造了很大的方便。

我国改性沥青的研究虽然起步较晚,但是其研究范围较广,从改性剂种类到制备工艺和评价手段都有涉及,取得了一定的成绩。与此同时,改性沥青的加工工艺也得到了很大的改进,SBR 改性沥青越来越受到大家的重视。在 20 世纪 50 年代中期,我国对 SBR(丁苯橡胶)才开始进行研究。1960 年,我国第一家公司兰州石油化工公司从苏联引进了一批生产 SBR 的装置,经过 1965 的技术改造,满足了我国对 SBR 的需求[27]。在 20 世纪 80 年代初,交通部重庆公路科学研究所提出了采用溶剂法生产 SBR 改性沥青的方法。"溶剂法"橡胶沥青生产方法是将固体丁苯橡胶切片后使用溶剂使其溶解成微粒的状态,并在液态下与热沥青共融,制成固体含量浓度为 20% 的 SBR 改性沥青母体。SBR 改性沥青在寒冷地区如青海、西藏、内蒙古等地区公路建设的实际应用中,各项指标都已达国家标准。乌鲁木齐高速路管理处、沈阳市高速管理处等多家生产加工的改性沥青产品技术指标都符合行业标准的要求,其生产的 SBR 改性剂具有价格低廉、性质优良、施工方便快捷等优点,在青藏公路改造工程、川藏公路改造工程、内蒙古国道现场改性等多个国家重点项目中都得到推广使用,其低温抗裂性能和抗疲劳性能已得到行业认可。目前,我国 SBR 的年产量已达全世界产量的 50%~60%。

1995 年,郝培文等[28]通过在普通沥青中加入丁苯橡胶来研究其性能,研究发现加入丁苯橡胶后的改性沥青相比普通沥青,其低温劲度模量有所降低,沥青变得柔韧,低温时体积收缩体积率减小,脆化点温度降低了 4 ℃,低温抗裂性能降低了 5 ℃。

　　张敏江等[29]对比研究了不同老化时间和老化温度下基质沥青和 SBR 改性沥青的软化点变化,并以此为参数建立了 SBR 改性沥青的老化动力学模型,研究 SBR 改性沥青的老化动力性能。试验结果表明:与基质沥青相比,SBR 改性沥青具有较好的抗老化性能。

　　吴欢等[30]在室内使用紫外线高压汞灯对热拌沥青混合料进行光照老化,模拟了沥青混合料在西藏地区室外光照下的老化情况。试验中 SBR 改性沥青混合料表现出更好的抗紫外线老化性能,说明在西藏地区使用 SBR 改性沥青的路面具有更优良的路用性能。

　　尹应梅等[31]在基质沥青中掺入温拌剂和丁苯橡胶(SBR)乳液,并对掺入前后的几种沥青分别进行针入度、软化点、延度三大指标对比试验;然后根据表观黏度试验结果,从分子运动的微观角度分析了温拌剂和 SBR 乳液对沥青黏度的影响,揭示了沥青的改性机制;同时对温拌改性沥青混合料、温拌沥青混合料、热拌改性沥青混合料和普通热沥青混合料进行车辙试验。结果表明,温拌剂使施工温度降低;温拌 SBR 乳液改性沥青的流动活化能最大,其沥青混合料的动稳定度提高明显;温拌 SBR 改性沥青混合料具有优良的高温性能。

　　周丽峰[32]为了弥补 BRA 改性沥青低温抗裂性能方面的技术缺陷,提出采用 SBR 与 BRA 复配方案对其进行改善。采用 DSR 试验和 BBR 试验研究了不同 BRA 掺量下的 BRA 与 SBR 复合改性沥青流变性能的变化,以及采用车辙试验等研究了复合改性沥青混合料的路用性能,结果表明,BRA 掺量在 10% ~ 15% 时,复合改性沥青混合料综合路用性能最佳。

　　余志刚[33]为改善高模量沥青混合料抗裂性能差的问题,系统研究了高模量剂与 SBR 复合改性沥青及其混合料的性能变化,并通过一系列试验确定了 PRM 高模量剂和 SBR 的合理掺量范围。试验结果表明:掺加 SBR 改性剂后高模量沥青混凝土的抗疲劳耐久性和低温抗裂性显著提升,PRM 与 SBR 复合改性沥青可大幅改善高模量沥青以及 SBR 改性沥青混合料的综合路用性能,复合改性沥青混合料的抗疲劳耐久性甚至优于 SBS 改性沥青混合料。

　　赵毅等[34]针对西藏地区气候寒冷、紫外线强烈等独特的自然环境条件,选取了 4 种类型的沥青混合料,重点分析了 SBR 改性沥青混合料和基质沥青混合料之间的性能差异,并研究了不同影响因素对沥青混合料低温稳定性的影响规律。

　　程培峰等[35]研究表明,随着 DTDM 的掺入,SBR 改性沥青的高温性能有所提高,弹性恢复率增大明显,高温黏度虽有增大,但是不会对施工造成困难。

　　董天威[36]将活化后的纳米 ZnO 与 SBS、SBR 共同作为改性剂加入基质沥青中,并发现改性后的沥青三大指标均有所提升。随后通过抗车辙因子 $G*/\sin\delta$、S 值、m 值评价了改性沥青的流变性能,评价结果为复合改性沥青的高温等级为 88 ℃,高于基质与单掺的高温等级。同时低温抗裂性在对比组中也达到最优。

　　温贵安等[37]首先在 SBR 改性沥青中加入稳定剂,然后通过共混方法制备出了高性能、高温贮存稳定的丁苯橡胶改性沥青。利用动态力学试验和相形态观察分析了其在高温下的影响。结果表明:加入稳定剂后的 SBR 改性沥青除在原有基础上能保持低温性能外,其高温物理机械性能也有了明显提高。

王枫成[38]为探究 SBR 加入基质沥青中后沥青老化前后的使用性能影响,通过短期老化试验进行改性沥青老化,然后通过三大指标试验、BBR 试验以及微观试验(红外光谱)进行研究和分析,得出了在基质沥青中加入丁苯橡胶后,有效地降低了沥青的温度敏感性、提高了沥青低温性能和抗老化性能,还有效缓解了沥青的老化程度。

丛玉凤等[39]通过研究发现,将 C9 石油树脂、硫黄和 SBR 三者加入基质沥青中,能够制备成新型的丁苯橡胶改性沥青,制备好的复合改性沥青利用三大指标试验、动态剪切试验、弯曲流变试验等,得出了 C9 的添加能够提高沥青的软化点、降低针入度、提高高温流变性能、改善老化性能,但是对于低温抗开裂性能几乎没有影响。

1.2.4 纳米碳酸钙国内外研究现状

随着纳米材料的诞生,纳米技术也得到了进一步的推广应用,其中纳米材料改性沥青也成为其中很重要的方向。早在 1899 年法国就应用橡胶对沥青进行改性,并应用于沥青路面中。1945 年,美国机场的沥青路面使用了橡胶改性沥青,获得了突出成效,自此,改性沥青也得到了广泛的关注。国外的纳米碳酸钙生产及市场比较成熟,日本的纳米碳酸钙生产技术处于国际领先地位,自 1914 年以来,日本在这方面不断做出技术创新,并且取得了很大成就。英国著名的 ICI 公司,自活化 CaC 为工业产品后,一直垄断欧洲市场,主宰着高档超细碳酸钙市场。美国侧重于造纸和涂料用纳米碳酸钙产品的开发[40]。

我国纳米碳酸钙研究起步较晚,从 20 世纪 80 年代开始,我国对改性沥青也越来越重视,先后制定了改性沥青设计和施工等规范。纳米碳酸钙就开始慢慢应用到众多领域,它可以起到增强和增韧的作用。改性沥青按照改性剂类型分为聚合物改性和非聚合物改性。常见的聚合物有热塑性橡胶类、橡胶类和树脂类,其改性沥青能够改善沥青的高、低温性能,但是分散性不好和自身性质的限制因素难以满足更高的要求。近年来,纳米材料改性沥青成为一种新技术出现在人们眼前,不同于聚合物改性沥青,其处于纳米级别,能够在纳米尺度上对基质沥青进行改性,而且所得到的纳米材料改性沥青具有稳定性好、改性效果显著等特点。其中,较为突出的是无机纳米材料改性沥青,为得到改性效果较显著的纳米材料,无机纳米材料复合改性沥青也在重点研究中。国内外越来越多的业内人士开始关注,如马峰、刘大梁等,也有许多著名的碳酸钙企业都在积极地研究它的生产和技术应用,其领域不断地扩展,市场规模也不断变大。

在 2004 年,马峰在硕士毕业论文中首次采用了纳米改性沥青改性剂 $CaCO_3$,这为后期纳米改性沥青的研究奠定了基础。马峰通过重点研究 Nano-$CaCO_3$ 加入沥青后对其性能的影响,及其改性前后沥青性质和结构的变化,分析了基质沥青与 Nano-$CaCO_3$ 相互作用和影响的程度,采用红外光谱、差示扫描量热等微观手段,探讨了其改性机制。最后试验结果得出,纳米碳酸钙的加入使基质沥青的高温性能得到了明显的改善[41]。

2006 年,马峰又对 Nano-$CaCO_3$ 改性沥青进行了更加深入的研究,通过差示扫描量热(DSC)试验,从得出的试验结果吸热量和比热容两个方面对改性沥青的高温性能和温度敏感性进行分析,最后得出纳米碳酸钙能够改善沥青的高温性能[42]。

刘大梁等[43]通过直接剪切法制备了 SBS 和 Nano-$CaCO_3$ 复合改性沥青,在 5%SBS

掺量下,加入纳米碳酸钙,采用常规试验、流变试验等方法进行研究,得出了随着 Nano-CaCO₃ 掺量的增加,复合改性沥青的针入度指数和软化点都有提高,并且在 $-30 \sim 30$ ℃ 的温度区间储能模量和损耗模量均比 SBS 改性沥青的高[43]。

接着张荣辉等[44]为了解决纳米碳酸钙和沥青的相容性问题,将纳米碳酸钙与橡胶沥青混合制备复合改性沥青,发现最佳橡胶粉掺量为 15%,纳米碳酸钙掺量为 5%,能最大限度地提高沥青的高温性能和水稳性及温度敏感性。现在因为纳米碳酸钙已经实现工业化生产,价格低廉,并且具有广泛的应用前景,受到越来越多的关注与运用[45]。

常海洲等通过在 SBS 改性沥青中掺加不同比例的纳米碳酸钙,进行试验研究,分析了复合改性沥青的高、低温稳定性等性能随纳米碳酸钙掺量变化的规律。

孙培等[46]选用纳米碳酸钙作为改善 SBR 改性沥青高温性能的改性剂,制得复合改性沥青。通过沥青常规性能和流变性能测试,表明复合改性沥青的软化点、当量软化点、135 ℃ 运动黏度都有增加。此外,复合改性沥青的车辙因子及混合料动稳定度都比 SBR 改性沥青提高,且动稳定度提高 38.2%,流变次数提高 34.5%,流变时间提高 63.2%。

张立香[47]研究发现纳米 CaCO₃/SBS 复合改性沥青混合料的高温稳定性、水稳定性和抗疲劳性能明显增强,而低温抗裂性能较 SBS 有所降低,但仍能满足规范要求。

李增杰等[48]首先采用硬脂酸对纳米碳酸钙进行有机活化,用活化后的有机纳米碳酸钙制备改性沥青,然后通过薄膜老化、压力老化、红外光谱及三大指标等试验,对老化前后的沥青物理性能、流变性能进行研究,结果表明老化后的纳米碳酸钙和有机纳米碳酸钙改性沥青的抗老化性能增强,且随着其掺量的增加,抗老化能力也增强。

1.2.5　纳米氧化锌国内外研究现状

自 21 世纪以来,有关纳米粒子的研究越来越多,不少国家如中国、美国、韩国等都对纳米氧化锌的性能进行了各方面的报道,国外相关的最早报道源自美国[49]。近年来,纳米材料因其具有特殊的物理、化学性质逐渐被尝试加入沥青中,如将 SiO₂、ZnO、CaCO₃、TiO₂ 等纳米材料均匀分散到沥青材料中,有效提升沥青抗车辙和抗水损等性能[50-53],尤其是纳米氧化锌(Nano-ZnO)。纳米氧化锌目前在众多领域例如抗菌消毒、紫外线屏蔽、光催化剂、电等方面都有应用,作为一种新型的功能材料,它比普通的氧化锌用途要广泛[54]。纳米氧化锌还被应用在生物合成技术方面,纳米氧化锌添加在 SDS 中能有效地缩短诱导时间,快速地促进水合物生成[55]。

Arabani 等[56]通过研究得出 Nano-ZnO 改性沥青能够改善沥青混合料的抗车辙能力。此外,沥青的温度敏感性也得到改善。

Liu 等[57]采用熔融共混法制备三种不同的表面改性剂,结果表明:MTS、APTS 和 EPTMS 成功地结合在纳米粒子表面,且使 Nano-ZnO 在沥青中分散更加均匀。

Zhu Chongzheng 等[58-59]通过 TFOT、PAV、UV 和 NEA 试验研究改性前后添加 Nano-ZnO 和 OEVMT 的不同沥青的性能,结果显示:含有抗老化改性剂的改性沥青表现出更低的复数模量和更高的相位角,表明它们具有良好的抗热氧老化和光氧老化性能。此外,抗老化改性剂可以明显改善基质沥青 PAV 老化后的高低温性能。

Li 等[60]通过常规试验测试了 Nano-ZnO 改性沥青的物理性能和流变性能,结果观察到:随着 Nano-ZnO 浓度的增加,改性沥青渗透值降低,软化点升高。此外,Nano-ZnO 的加入提高了沥青结合料的刚度,有助于更好地抵抗永久变形。

Mehmet Saltan 等[61-62]研究了 Nano-ZnO 对改性沥青永久变形的影响,并对 Nano-ZnO 改性沥青制备的热拌沥青(HMA)的水稳定性进行了评价。结果表明:Nano-ZnO 掺量 5% 时得到的改性沥青性能最佳。且对于所有的纳米改性,沥青混合料都具有很高的抗水损性。

Fakhri Mansour 等[63]采用了浸水马歇尔试验、间接抗拉强度试验、沸水试验、静态蠕变试验、拉脱黏结性能试验、SCB 断裂试验研究分析 3 种含量的 Nano-ZnO 和 Nano-RGO, 试验结果表明:随着 Nano-ZnO 和 RGO 掺量的增加,SMA 混合料的马歇尔稳定度、间接拉伸强度、拉脱黏结力和断裂能明显增大,沥青在集料上的包覆程度提高。

近几年来,国内对纳米氧化锌改性沥青的研究也逐渐增多。国内部分学者将纳米氧化锌加入基质沥青当中,针对混合后的改性沥青对其性能和共混机制进行了分析,研究得出,纳米氧化锌不仅能够提高沥青的高温、低温、黏度和抗疲劳性能,而且能提高沥青的抗老化性能[64]。

詹易群研究了在 SBS 改性沥青中加入纳米氧化锌和湖沥青,发现这两者的加入使 SBS 改性沥青常规性能得到明显的改善。又通过微观性能分析,纳米氧化锌与湖沥青的加入极大地降低了 ZTS 复配改性沥青老化后 Ic 的增长幅度,延缓了沥青向凝胶型的转化过程[65]。

长安大学的张明祥[66]研究了纳米 ZnO 改性沥青对道路沥青的抗老化性能的影响。通过对沥青 UV 老化前后动态剪切流变性能和红外光谱试验,探究了改性沥青老化的作用机制。他的研究结果显示:纳米 ZnO 能使沥青有一定程度的黏性恢复,抵抗沥青的硬化反应;最后还研制了纳米 ZnO-氧化石墨烯复合材料,有效地解决了均匀分散性的问题。

朱曲平[67]采用高速剪切机制备了 4 种不同掺量的纳米氧化锌改性沥青,直接应用测微观形貌的光学显微镜,观测新物质生成的红外光谱,分析热稳定性的差示扫描量热,对改性沥青的性能进行了机制分析,又对沥青的高温流变性能和黏度进行了测试,结果表明,纳米氧化锌能够均匀地分布在沥青中,并生成一种空间网状结构,并且随着纳米氧化锌掺量的增加,改性沥青的高温性能和黏温特性改善更加明显。

王玲玲等[68]通过在煤沥青中添加纳米 ZnO 来研究改性后的煤沥青的温度、分散方式,研究表明,改性煤沥青的延伸性能得到了改变[68]。

李玉霞等[69]利用乙酸锌通过水热反应制备了具有高分散性的纳米氧化锌棒,应用于改性路用煤沥青,结果表明:改性煤沥青的各项性能都有提升,能够达到路用沥青 70# 和 90# 的规范,最终研究得到最佳的优化工艺手段和配方,为改性煤沥青应用于现代道路工程做出了巨大的贡献。

随着研究的发展,也有部分学者开始在纳米氧化性改性沥青的基础上加入其他材料,如聚合物 SBS、有机蛭石等。如马爱群等[70]通过溶液共混制备出 ZnO 和 SBS 复合改性沥青,采用常规和非常规的试验方法分别对基质沥青、Nano-ZnO 改性沥青、SBS 改性沥青及复合改性沥青进行试验,通过比较分析得出改性沥青的感温性能、高低温稳定性、抗老化性能都得到了提高。

在纳米 ZnO 改性沥青方面,李雪峰等[71]将纳米 ZnO 粒子和 SBS 用溶剂法制备成胶体,合成纳米 ZnO/SBS 改性沥青。对纳米 ZnO/SBS 改性沥青的微观结构进行了对比与评价,发现纳米 ZnO 能更好地在 SBS 沥青中均匀分布,结果使其低温延度和混合料的路用性能都得到显著的提高。同时,为了提高纳米 ZnO/SBS 改性沥青的热储存稳定性,通过离析试验,对比分析各种因素对纳米 ZnO/SBS 改性沥青的影响,加入纳米 ZnO 只是略微提高了 SBS 改性沥青热储存稳定性,主要还是 SBS 引起的。

肖鹏等[72]通过对不同掺量的纳米氧化锌和掺量为 4% 的 SBS 制备成改性沥青,采用宏观性能试验与微观荧光显微分析,最后结合力学软件 Matlab 建立宏观与微观性能关系图,得出了微观参数与宏观性能有较好的相关关系,并且在不同纳米氧化性掺量下,微观与宏观的拟合优化会有所不同。

Zhu Chongzheng 等[73]发现加入了纳米 ZnO 的改性沥青在 TFOT 和 PAV 老化后表现出较低的复数模量和较高的相位角。

Zhang Henglong 等[74]研究发现纳米氧化物可以有效提高沥青的抗紫外线老化性能和改善沥青的高温性能。纳米 SiO_2、纳米 ZnO、纳米 TiO_2 与有机膨胀蛭石复配可有效改善 SBS 改性沥青的抗热氧老化和光氧老化性能,其中有机膨胀蛭石复配纳米 TiO_2 抗老化效果最佳。

杨晨光等[75]把纳米氧化锌和橡胶粉加在已经处于熔融状态的基质沥青中,采用高速剪切的方法制备了改性沥青,通过对改性沥青的三大指标试验,确定了纳米氧化锌的最佳掺量,同时得出了改性沥青相比基质沥青高低温性能都有提高;又通过微观手段(DSC)分析了改性沥青的机制,确定了改性沥青内部的稳定体系。

1.2.6　复合沥青混合料路用性能研究现状

随着改性沥青混凝土技术的发展,越来越多的学者开始使用两种或两种以上的改性剂对沥青混合料进行改性。1990 年后,国外开始有人着手研究复合改性沥青混合料,从 2000 年以后,复合改性沥青的研究者逐年增加,已成为一个改性沥青的新方向,国内学者的研究居多,其中有些是为了改进现有改性沥青性能,弥补单一改性存在的不足,寻找新的增强方法;有的是为了将废料重新利用,减少污染的同时改善沥青混合料性能。

1.2.6.1　国外沥青混合料路用特性研究现状

Lenoble[76]因为两种分子量差别较大的弹性改性剂对沥青进行复合改性时,反而会降低沥青的弹性性能,所以着手研究合成橡胶和聚烯烃高度改性沥青的性能与微观结构的关系。最后发现要得到最佳的复掺效果,改性剂必须达到最佳的多分散效果,而且膨胀以后的 SBS 聚合改性剂达到最佳的颗粒分布。

Ait-Kadi 等[77]使用 HDPE 和 EPDM 对沥青进行复合改性,试验发现使用此两者进行改性可以改善沥青的稳定性。

Ouyang 等[78]研究了 SBS/高岭石黏土(KC)的比例和混合温度对沥青的力学性质和

SBS 分子量分布的影响。发现相较于 SBS 改性沥青,加入高岭石黏土后提高了储存时的高温稳定性和沥青的流变性能,但对沥青的力学性能影响不大。

Keyf 等[79]使用 SRETP 和 ETP 对沥青进行复合改性并进行了红外光谱分析等试验,发现复合改性沥青的软化点明显提高,但渗透率和延展性有所下降。

Montanelli 等[80]为了改善沥青混合料的抗车辙性能和抗永久变形性能,利用聚合物和纤维进行复合改性,发现加入了聚合物和纤维的复合改性沥青在夏季时黏度更不易下降,具有较好的抗车辙性能。

Ameri 等[81]采用 SBR 聚合物以及纳米土对基质沥青进行改性,以此来提升沥青和混合料在高温下的抗车辙能力。之后对改性沥青开展了旋转黏度、DSR、RCR 以及马歇尔稳定度试验,对混合料开展了动态蠕变以及高温车辙试验,以此来综合评价它们的高温抗车辙性能。试验结果说明纳米土的确可以影响沥青的高温抗车辙能力,提高了其弹性变形。

Karaancer[82]使用纳米氧化铜(Cu$_2$O)对沥青进行改性,并通过试验深入探究了其改性沥青在高温下的抗车辙性能等。结论指出,当纳米氧化铜(Cu$_2$O)的掺量约为 1.5%时,改性后的沥青复数剪切模量提升到了最高,与此同时,沥青混合料在未老化与老化后的高温抗车辙特性最好。

Jahromi 等[83]对纳米类黏土对沥青进行改性后,其改性沥青混合料的各项性能进行了研究,发现纳米黏土可以提高混合料的抗水损能力和耐高温的性能。

Shafabakhsh 等[84]深入探讨了纳米 TiO$_2$/SiO$_2$ 对沥青复合改性后其各方面的力学性能以及在高温下流变性能的变化,研究结果显示,复合改性沥青的机械性能会随着改性剂的不断加入而得到改善,其抗车辙的能力也得到了加强。同时由于应力提高,降低了复合改性沥青的敏感程度,由此避免了因水平拉伸内部应力产生的拉伸裂纹和垂直裂纹的产生与传播,与此同时在高温下复合改性沥青的蠕变也得到了提高。

Marasteanu 等[85]研究了在低温时混合料遭到破坏时的性能以及其在低温时的流变性能,研究过程采用了弯曲梁流变仪来表征,之后又在研究的基础上对之后的试验过程进行了细节改进,最后通过改良之后的试验方法对混合料进行了强度测试,以此来表征尺寸效应在失去效应时的特点,最终确定了尺寸效应失效的分布特性。

1.2.6.2　国内沥青混合料路用特性研究现状

马峰等[86]深入研究了纳米碳酸钙对沥青进行改性后其本身及混合料的相关特性改变。结果表明,纳米 CaCO$_3$ 的加入,能够有效改善沥青和混合料在高温下的各项能力。

邱泽[87]研究发现基质沥青和纳米碳酸钙复合后对于延缓沥青的老化性能,并通过微观研究发现 NCa 和 SNCa 能延缓 90 号基质沥青老化过程羰基含量、亚砜基含量以及黏度的增加,且 SNCa 较 NCa 具有更好的改性效果;TFOT 延时老化,对 NCa 改性沥青和 SNCa 改性沥青的不可恢复蠕变柔量和蠕变恢复百分比的影响显著小于基质沥青。NCa 和 SNCa 能够有效缓解老化过程沥青的硬化,提高沥青的抗老化性能,且 SNCa 对沥青抗老化性能的提高效果显著优于 NCa。

孙培等[46]对纳米 CaCO$_3$/SBR 复合改性沥青进行了系统的试验探究,表明将纳米 CaCO$_3$ 掺入到 SBR 沥青中进行复合后,复合改性沥青混合料在高温下的稳定性能以及抗老化的性能都得到了改善,但其在低温时的性能并不理想,甚至有所下降。

董天威[36]分别对各种老化试验前后的沥青混合料、SBR 改性沥青混合料、SBS 改性沥青混合料和纳米 ZnO/SBS/SBR 复合改性沥青混合料这四种混合料进行了低温弯曲试验。检测结论表明,在各种老化试验前后,纳米 ZnO/SBS/SBR 复合改性沥青的低温性能均是最好的,但只有在热氧老化之后,SBS 改性沥青的低温性能才可与之大致相同。

谷雨[88]通过低温小梁弯曲试验,研究了 30%、40% 和 50% 三种在不同 RAP 料掺配率下的热再生沥青混合料的低温特性。试验结果显示,这些混合料在低温下的抗裂性能都满足标准要求,但随着 RAP 料掺配率的增加,热再生沥青混合料的低温抗裂性能的变化规律并不明显。

张鹏[89]采用碳纳米管对 SBS 沥青进行复合改性,通过对复合改性沥青的老化试验发现,碳纳米管可以提升 SBS 沥青的抗老化性能,而复合改性后的沥青所制成的混合料在高温下的抗车辙能力和低温下的抗开裂能力在试验中也都表现出升高的现象。

陈正伟等[90]利用硅烷偶联剂对纳米 TiO$_2$ 和纳米 CaCO$_3$ 实行了改造,以此来提高纳米材料和沥青的相容性。试验最终证明,在最佳掺量下的复合改性沥青混合料与未改性的沥青混合料相比,其高温下的抗车辙能力、低温下的各项能力以及抗老化的能力都得到了改善。

孙杰[91]分别以 3%、6% 掺量的纳米 SiC 材料制成马歇尔试样,并进行了各项试验。最终结果证明,高掺量的纳米 SiC 可以很大程度地改善混合料在高温下的各项性能,但两种掺量的纳米 SiC 对混合料在低温下抗裂性能的改变都不明显。

欧阳春发[92]利用等密度方法制备了高温储存稳定的聚合物-填料改性沥青,研究了工艺条件和配比因素对聚合物-填料复合物的力学影响以及对聚合物分子量分布的影响。

刘朝晖等[93]针对路面结构黏层沥青材料的特点,使用 SBS 和胶粉(CRM)作为改性剂,利用高速剪切法进行黏层复合改性沥青的制备,对复合改性沥青的高温性能与黏度进行了测定,研究表明,SBS/CEM 复合改性沥青混合料的路用性能有所提高,能够满足黏层沥青材料的要求。

杨光[94]为了改善橡胶粉单一改性沥青存在的易离析、高温黏度大以及施工质量难以控制等问题,对废橡胶粉与 SBS 复合改性沥青(CR/SBSCMA)的路用性能、力学特性和施工工艺等方面进行了系统研究。试验分析结果表明复合改性沥青具有良好的高温性能、低温流变特性和黏温特性,验证了工厂化的 CR/SBSCMA 沥青混合料在高温条件下的抗永久变形能力良好,在低温条件下的柔韧性良好,并总结了混合料的施工工艺,指导了混合料在季冻区的施工和应用。

王鹏[95]使用数值模拟的方法探讨了不同因素对复合改性沥青界面的影响,找出适合沥青改性的碳纳米管种类。发现复合改性沥青聚合物平均粒径越大,高温性能越好;聚合物相溶胀度越高,疲劳寿命 Np50 越长;聚合物的平均粒径越小,低温抗裂性越好。

可以看出,在复合改性沥青领域,大多数的复合改性是将聚合物改性沥青(多数为 SBS 改性沥青)与其他改性剂一同进行复合改性。这是 SBS 改性沥青在当下的广泛使用所致,而且 SBS 改性沥青成本较高,研究者希望通过复合改性在保证性能的基础上降低成本。

1.3　研究内容

本书选用的三种改性剂分别为纳米碳酸钙、氧化锌及丁苯橡胶改性沥青。为探究纳米碳酸钙、氧化锌和丁苯橡胶复合改性沥青路用性能,揭示在不同环境条件下的物理性能和流变性能的演变规律,为改性沥青更好应用于道路工程中提供理论依据和参考,本书进行了较为系统的研究,主要研究内容如下:

(1)改性沥青常规性能分析。

根据《公路工程沥青及沥青混合料试验规程》(JTG E20—2011),对基质沥青进行测试,得出基质沥青在不同温度条件下的基本性能。

(2)无机纳米材料的制备方法和效果分析。

选用硅烷偶联剂和铝酸酯偶联剂分别对纳米碳酸钙和纳米氧化锌进行表面处理,活化后的有机纳米材料利用亲油化度和红外光谱对其进行试验分析。

(3)确定最佳掺量的复合改性沥青。

对于 3 种材料分别选用 5 种掺量进行常规试验和老化(纳米氧化锌)试验,每种选出 3 种最佳的掺量,再通过正交试验(综合平衡法),确定纳米材料和 SBR 的最佳组合。

(4)改性沥青高低温流变性能研究。

根据《公路工程沥青及沥青混合料试验规程》(JTG E20—2011)中 T0610 的方法对改性沥青的抗老化性能进行研究,采用薄膜旋转烘箱进行老化试验;接着是采用布什旋转黏度仪,对改性沥青的黏温特性进行试验分析;采用动态剪切流变仪对基质沥青、复合改性沥青进行动态剪切流变试验(DSR),通过复数剪切模量(G^*)、相位角(δ)、车辙因子($G^*/\sin\delta$)这些因素来分析沥青的高温性能;最后采用弯曲梁流变试验(BBR)对基质沥青和改性沥青进行低温试验,在不同温度条件下通过弯曲蠕变劲度模量 S 和蠕变曲线斜率 m 来分析改性沥青的低温性能。

(5)微观性能分析。

首先,采用扫描电镜对纳米碳酸钙/氧化锌及丁苯橡胶复合改性沥青的微观形貌进行观测和分析,来探讨材料的分布情况;其次,采用红外光谱分析纳米材料表面修饰前后是否产生新物质,以及观察改性沥青的反应过程。

(6)复合改性沥青配合比设计及路用性能研究。

首先确定沥青混合料级配类型,采用 AC-13 型级配进行改性沥青混合料设计,利用马歇尔试验对基质沥青、丁苯橡胶改性沥青、纳米碳酸钙和纳米氧化锌及丁苯橡胶复合改性沥青的油石比进行确定,拌制基质沥青、丁苯橡胶改性沥青和纳米碳酸钙、纳米氧化锌及丁苯橡胶复合改性沥青混合料,基于各项路用性能试验并对比研究 3 种沥青混合料的高低温性能、抗水损害能力和抗疲劳破坏能力。

本书主要技术路线如图 1-1 所示。

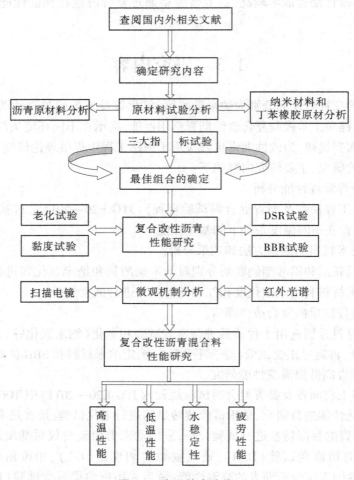

图 1-1　主要技术路线

第 2 章　原材料试验、纳米材料的表面修饰及改性沥青的制备

随着人民生活水平的提高,人民对现代道路交通的行车舒适性、平稳性等方面要求也越来越高,而且现在道路车流量增加,对沥青路面的高温抗车辙能力、低温抗开裂能力等提出了更高的要求。所以,在道路工程中,提高沥青的各项性能对今后的道路发展是必要的,道路面层的施工离不开沥青这个胶凝材料。沥青的种类主要有三大类,分别是天然沥青、焦油沥青和石油沥青,本书主要研究的是石油沥青。

2.1　原材料

2.1.1　基质沥青

沥青性能的提高是对沥青混合料力学性能和路用性能提高的充要条件,基质沥青采用的是郑州市政工程总公司(沥青铺装公司)的国产 AK-70 沥青,依据规范《公路工程沥青及沥青混合料试验规程》(JTG E20—2011)的要求,对基质沥青的基本性能进行常规试验,如图 2-1~图 2-3 所示,其技术指标如表 2-1 所示。

图 2-1　针入度试样

图 2-2　软化点试样

图 2-3　延度试样

表 2-1　基质沥青技术指标

指标		试验结果	技术要求
针入度(100 g,5 s)/ 0.1 mm	30 ℃	98.0	—
	25 ℃	61.5	60~80
	15 ℃	22.3	—
延度(5 cm/min)/cm	5 ℃	11.6	≥0
软化点/℃		46.7	≥45
针入度指数 PI		−0.481	−1.5~+1.0
当量软化点/℃		50.89	—
当量脆点/℃		−14.73	
TFOT 后	质量损失/%	0.327	−0.8~+0.8
	针入度(25 ℃)/0.1 mm	42.3	—
	延度(5 ℃)/cm	7.9	≥6
	针入度比(25 ℃)/%	68.8	≥61

由表 2-1 可知,试验所用的基质沥青针入度(25 ℃)为 61.5 mm,延度(5 ℃)为 11.6 cm,软化点为 46.7 ℃,均符合公路沥青路面施工技术规范要求。

2.1.2　纳米碳酸钙

纳米碳酸钙($CaCO_3$)是由南京埃普瑞纳米材料有限公司提供的,纳米碳酸钙为白色粉末状,其技术指标如表 2-2 所示。

表 2-2　纳米碳酸钙技术指标

技术性能	指标值	技术要求
碳酸钙含量(质量分数)/%	99.5	≥95
电镜平均粒度/nm	80	≤80
比表面积/(m^2/g)	100	≥35
外观	白色粉状	—
105 ℃挥发物/%	0.2	≤0.7

2.1.3　纳米氧化锌

纳米氧化锌(ZnO)也是由南京埃普瑞纳米材料有限公司提供的,纳米氧化锌为白色粉末状,其技术指标如表 2-3 所示。

表 2-3 纳米氧化锌技术指标

技术性能	指标值	技术要求
氧化锌含量(质量分数)/%	99.5	≥95
电镜平均粒度/nm	15	≤80
比表面积/(m²/g)	110	≥35
外观	白色粉状	—
105 ℃挥发物/%	0.1	≤0.7

2.1.4 丁苯橡胶

丁苯橡胶(SBR)由天津明基金泰橡塑科技有限公司提供,丁苯橡胶为米白色粉状,其技术指标如表 2-4 所示。

表 2-4 丁苯橡胶技术指标

性能参数	颜色	粒度	干胶含量	结合苯乙烯
执行标准	目测	GB/T 2916	GB/T 1040.1~1040.5	GB/T 8658
检测结果	米白色	30 目	100%	17%~19%

2.2 纳米材料的表面修饰及效果分析

2.2.1 无机纳米材料的特点

纳米材料是指长度在 $1\sim10^{-9}$ m 范围内的固体材料,或者说是在三维空间里至少有一维处在纳米范围内或由它们构成的基本单元材料。纳米这个概念最早由诺贝尔奖获得者理查德费曼在 1959 年末的一次演讲中提出,他也曾预言准确放置原子技术。后来又有人提出了新的纳米技术这个词语。经过时代的发展,在 1990 年,第一届纳米科技会议在美国巴尔的摩召开,并统一了概念[41]。目前,随着纳米技术的成熟,纳米材料在国内外被广泛应用。有的应用在医疗方面,有的应用在服装方面,渐渐随着学者研究也被应用在道路工程中。在 2010 年,纳米复合材料应用在沥青中,并且在沥青中加入少量的纳米黏土,使沥青的许多性能得到了大大的提升,因此纳米黏土可改善稳定性、弹性模量和间接拉伸强度等性能[96]。在 2012 年,有学者把纳米碳纤维掺加在沥青中,提高了沥青的黏弹性能和抗疲劳性能[97]。在 2017 年,纳米复合改性材料被应用到混合料中,用于提高沥青混合料的高温性能[98]。

无机纳米材料具有粒径小、比表面积大、表面能高等特点,这就使得纳米颗粒会顺着纳米微粒表面积减小的趋势而缓慢聚集,这就是纳米颗粒的团聚现象。正是由于这种团聚现象,在无机纳米材料应用过程中,纳米粒子界面与有机物基体界面的融合不能够很充分地发挥出来,纳米材料的各种特性也不能够充分表现,导致材料的浪费,不利于建设资源节约型社会。此外,无机纳米材料虽然能够与基质沥青发生反应,但是这种反应比较微小,与基质沥青之间的结合力不强,改善基质沥青的效果不太有效。因此,无机纳米材料改性有机物的首要问题就是要通过某种手段把纳米材料均匀分散于有机物中,克服纳米材料团聚的缺点,并且纳米材料能够强有力地与基质沥青结合。而一般的分散手段不能很好地做到这点,这也是无机纳米材料改性沥青的技术难点。所以,首先对纳米材料表面进行修饰,使无机纳米材料与有机材料具有更好的相容性和更高的结合力,然后通过机械法将纳米材料分散于基质沥青中。

纳米晶粒和晶粒界面是纳米材料的主要组成部分。纳米材料晶界结构的复杂性,使得无机纳米材料具有与其他材料不同的特殊性质。纳米材料被广泛应用基于其本身的一些特性,如体积效应、量子尺寸效应、宏观量子隧道效应、表面效应和介电限域。

(1)体积效应。纳米粒子的体积效应指的是纳米粒子的尺寸与传导电子的德布罗意波一样或者比它更小,纳米粒子晶体的周期性边界条件将被破坏,相比普通的粒子,磁性、光吸收、化学活性等都发生了很大变化。以下几个方面及其多个方面的效应均是由于它的体积效应。如纳米粒子的熔点,用在电磁屏蔽和隐形飞机等,有的为冶金工业提供了新工艺,有的为制造微波吸收纳米材料提供了方法。

纳米粒子粒径非常小,达到纳米级,当其粒径不大于光波、德布罗意波波长或者超导态的相干长度时,纳米粒子晶体边界会被周期性地损坏。这样就导致纳米粒子发生质的改变,在声、光、电、磁等特性方面有新的特性,即是小尺寸效应。例如,纳米粒子吸收光能力增强、磁有序态和无序态的转变等。

(2)量子尺寸效应。量子尺寸是指粒子在达到一定数值的时候,粒子的费米能级附近的电子能级会由连续能级变为分立能级的现象。这种现象会引起电磁、催化等性质的变化,也被称为量子尺寸效应。

当纳米粒子的粒径小至某一值时,费米能级附近的电子状态就会发生变化,形成能量空隙变宽以及电子能级由连续态向分离态转变,这种现象称为量子尺寸效应。这一效应使得纳米粒子具有与宏观物体的微观性质截然不同的特性,例如高的光学非线性、特异催化性等。在此基础上,量子尺寸效应在吸收光谱中最直接的影响就是吸收光谱的边界蓝移。

(3)宏观量子隧道效应。众所周知,电子不仅具有粒子性,还具有波动性,因而具有隧道效应。由于纳米粒子带有分立能级现象,当粒子小到一定值的时候,会导致粒子积聚热能和电磁能,从而使粒子发生跃迁,并具有了贯穿势垒的能力,这种现象被称为量子隧道,也被称为宏观量子隧道效应。也可以用这一效应来解释超细镍微粒等。粒子存在势能最大的区域,一般的粒子很难越过这片区域,纳米粒子却能够穿越,这个现象就是宏观量子隧道效应。由此可知,纳米粒子能够在不发生变化的前提下凭借自身的能量穿过宏观界面,这也是宏观量子隧道效应解释纳米粒子反常现象的应用。

(4)表面效应。纳米粒子由于粒径的变小,表面原子会急剧增大,从而引起纳米粒子性质的变化。随着纳米粒子直径的减小,当一直减小到表面原子的时候,所有的原子都会聚集在粒子表面,这时起作用的是表面原子而非其内部的晶格原子,由于表面原子的活性很高,这就导致粒子本身的性质发生改变,这就是表面效应。

因纳米粒子的粒径非常小,达到纳米级,这就使得粒子表面的原子数量庞大,粒子的比表面积增大、表面能增强。这一现象所引起的特种效应称为表面效应。纳米粒子具有表面效应使得其具有不饱和性,表面结合能力增强,表现出很高的化学性质,能够与其他原子结合而形成稳定的体系。

(5)介电限域。粒子的介电限域是很少的,所以不经常被注意到。纳米粒子常常被空气中的介质所包围,然而这些介质的折射率要比无机半导体的低一些。当光照射时,因为折射率的不同会产生界面,这使一系列的纳米半导体、邻近半导体及粒子内部的光强增大。这就是介电限域效应。

总而言之,纳米材料具有与其他材料不同的特性,正是由于纳米粒子的这些独一无二的效应,才会让其比普通粒子表现出奇异的物理、化学性质。现在已成为广大研究学者共同关注的热点,尤其是近年来关于纳米材料改性沥青方面的研究也越来越多,越来越多的学者把纳米材料应用到沥青中,让其发挥更大的价值。但是,对沥青的改性,纳米材料的各项特性必须能够表现出来,才能够更好地改善基质沥青的性质,这样才对道路研究起到很重要的理论意义。例如,由于无机纳米颗粒特有的比表面积大、表能高以及粒径小等优点,促使纳米材料极易沿着表面积减少的方向发生轻微的团聚。基于这种现象,纳米颗粒在沥青界面中难以充分整合,导致很难充分发挥纳米材料的各种特性,不利于纳米材料资源的合理使用。因此,促使无机纳米材料在沥青中均匀有效分散,无疑是无机纳米粒子改性沥青在发展过程中亟待解决的一重大难题。

2.2.2 偶联剂的选用及使用方法

2.2.2.1 偶联剂的选用

偶联剂常常被称作"分子桥",其主要原因是偶联剂因其分子结构特点的不同而含有化学性质不一样的两种基团,一种是亲无机物的基团,容易与无机物表面发生化学反应;另一种是亲有机物的基团,能够与合成树脂发生化学反应或生成氢键融合在一起。所以,偶联剂用于改善有机物和无机物之间的界面作用,可以大大地提高复合材料的性能。根据化学结构及其组成分为四大类,分别为有机铬络合物、硅烷类、钛酸酯类和铝酸化合物。

本书中主要采用的是硅烷类和铝酸酯类这两种偶联剂,是由安徽省天长市化工助剂厂提供的,如图 2-4、图 2-5 所示。

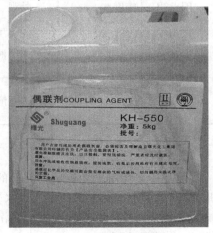

图 2-4　硅烷类偶联剂　　　　　　　　　　图 2-5　铝酸酯类偶联剂

1. 硅烷偶联剂

硅烷偶联剂同时具有有机官能团和能够水解的无机官能团,其典型的结构形式如图 2-6 所示。此结构中的有机官能团(X 基团)能够与有机聚合物相结合,其中可水解的无机官能团(Y 基团)能够与无机填料相结合。这样硅烷偶联剂就在无机填料和有机聚合物中起到"搭桥牵线"的功能,也就能够很容易地实现活化纳米材料的目的。

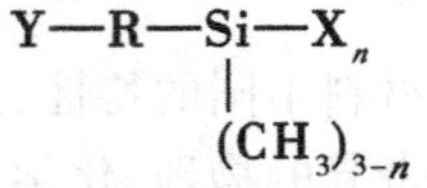

$$Y—R—Si—X_n$$
$$(CH_3)_{3-n}$$

图 2-6　典型硅烷偶联剂分子结构

Arkles[99]通过研究认为硅烷偶联剂中可水解的无机官能团通常通过以下 4 个过程完成对填料表面的修饰:①硅烷偶联剂水解为硅醇;②硅醇合成为低聚物;③无机填料表面羟基与低聚物形成氢键;④在干燥条件下,这种氢键会与无机填料的表面羟基缩水形成共价键,得到稳定的活化无机填料。硅烷偶联剂中有机官能团的偶联机制目前并没有统一的说法,公认的说法是有机聚合物可能会与活化后无机填料表面的有机官能团反应,形成氢键或者共价键。

根据硅烷偶联剂的偶联机制可以得知,硅烷偶联剂能够对含有羟基的无机纳米材料很好地活化,而活化之后的无机纳米材料更加容易与基质沥青进行结合,形成稳定的改性沥青体系。因此,应用硅烷偶联剂活化无机纳米材料是具有科学道理且可行的方法。

硅烷偶联剂在国内有 6 种型号,本书选用的主要是 KH-550 和 KH-570。KH-550 属于氨基硅烷偶联剂,能够与水和有机溶剂融合在一起,并且能够改善填料在聚合物中的润湿性和分散性,所以应用到沥青中,能够有效地改善无机纳米材料与基质沥青的结合,从而增加改性材料的稳定性。KH-570 可以使两种材料偶联,能大幅度地提高复合材料的湿态性能,溶于丙酮、苯、乙醚、四氯化碳,与水反应,能够改善有机物和无机物的连接性能。KH-550 和 KH-570 的主要技术参数指标如表 2-5 所示。

表 2-5　KH-550 和 KH-570 的主要技术参数指标

硅烷偶联剂类别	化学名称	分子式	沸点/℃	闪点/℃	密度/(g/cm³)	外观
KH-550	γ-丙基三甲氧基硅烷	$C_9H_{23}NO_3Si$	217	96	0.942	无色透明液体
KH-570	Y-氨丙基三乙氧基硅烷	$C_{10}H_{20}O_5Si$	190	92	1.045	无色透明液体

2. 铝酸酯偶联剂

铝酸酯偶联剂为白色或淡黄色蜡状固体,色浅、无毒。其主要用于无机填料表面的活性改造,因为有可以与活泼氢反应的基团,能与无机填料(含羟基、羧基或表面吸附水)发生键合作用,从而改善有机聚合物和无机填料的亲和性和结合力,能够有效地产生防沉效果,还可提高黏结强度。铝酸酯偶联剂活化后的无机纳米材料除了可以增加复合材料的稳定性,其用途为不仅可以改变填料表面的活性,而且能大幅度增加填充量,使有机聚合物的亲和性得到显著提升,且可以降低技术生产成本,具有直接的经济效益。无机纳米材料在经过铝酸酯偶联剂活化后,不仅有效提升了复合材料的稳定性,而且具有适用范围广、价格低廉等优点。其主要技术参数指标如表 2-6 所示。

表 2-6　铝酸酯偶联剂主要技术参数指标

偶联剂名称	结构式	熔融温度/℃	降黏幅度/%	热分解度/℃	外观
铝酸酯	$(C_3H_7O)_x \cdot Al(OCOR)_m \cdot (OCOR^2)_n \cdot (OAB)_y$	70~80	≥98.0	270	白色或淡黄色蜡状固体

2.2.2.2　偶联剂的使用方法

众所周知,无机纳米材料具有良好的亲水性,而基质沥青属于憎水性,若将无机纳米材料加入基质沥青中,得到的改性沥青会因为两种材料的相容性较差而影响本身的性质。然而,经过偶联剂活化后的无机纳米材料能够改变其亲水性,能够与基质沥青很好地相容,能够体现出纳米材料的特性。与此同时,活化后的无机纳米材料颗粒的表面能会减小,有效地解决了纳米材料的团聚问题,这样就更加有效地促进纳米材料均匀分散于基质沥青中。在无机活化纳米材料时,加入较少的偶联剂就能够有效地对其进行活化,这也是偶联剂得到广泛推广的原因之一。但是,偶联剂因为具有一定的黏度,需要通过高速搅拌才能够保证无机纳米材料与其充分接触。

当前偶联剂的使用方法根据方式的不同分为三种,即直接处理法、掺加法和浓缩法。

1. 直接处理法

直接处理法就是先对无机纳米材料进行活化,然后将活化后的材料直接加入基质沥青中。其中,干燥法是最简单也是最有效的活化方法,已经得到广泛应用。干燥法就是用无水乙醇、丙酮、水等稀释偶联剂,然后高速搅拌混合溶液,以便纳米材料能够与偶联剂充分接触。

需要注意的是,由于干燥法需要应用醇类作为有机溶剂稀释偶联剂,所以在干燥纳米材料时需要密切关注干燥过程,以免发生火灾等试验问题。

2. 掺加法

掺加法包括直接掺加法和母料法。直接掺加法就是在复合材料混合时将偶联剂掺加进去,然后与有机物混合。直接掺加法根据基体的物理状态不同分两种情况掺加:一种情况是,当基体是固态时,偶联剂在混合有机物和填料时掺加;另一种情况是,当机体是液态时,偶联剂最先掺加。而母液法则是在改性基质沥青时将偶联剂掺加进去的方法,但是使用此方法改性时偶联剂容易水解,需要规范操作改性过程。

3. 浓缩法

浓缩法是利用无机纳米材料颗粒本身表面能高的特点来吸收大量偶联剂的方法。此方法不能够保证偶联剂的性质不变和改性产品的质量。

根据以上三种对偶联剂处理的方法,选用直接干燥法。此方法应用非常广泛,容易操作,活化效果显著,有利于大量生产。

2.2.3　表面修饰方法

2.2.3.1　纳米材料修饰方法

为了使纳米材料在沥青中发挥更优的性能,最大程度地满足改性沥青对纳米材料的要求,大多数研究者考虑对纳米材料的表面修饰进行进一步的分析探讨,优选出合适的修饰方法和修饰剂。通过阅读国内外大量参考文献,分析无机纳米材料表面修饰的技术手段可知,改性方法大致分为物理修饰和化学修饰。其相关技术资料如下。

1. 物理修饰法

众所周知,分子或者原子之间存在着作用力,即范德瓦尔斯力。物理修饰法就是运用分子之间的作用力把改性剂吸附到无机纳米材料粒子表面,经过物理修饰的纳米材料颗粒表面会存在一层修饰剂,这层修饰剂能够降低表面张力,阻碍纳米材料的团聚,有利于纳米材料均匀分散于基质沥青中。

2. 化学修饰法

纳米材料的表面化学修饰法就是通过酯化反应、表面接枝改性或者偶联剂等化学方法对纳米材料进行修饰,改变纳米材料表面结构和状态,从而达到纳米材料易于分散的效果。

表面修饰方法的选择主要是分析是否能够有效地降低纳米材料的表面能,能够阻碍纳米材料的团聚以及纳米材料粒子与基质沥青的结合力是否很强。通过以上对两种方法的介绍,显而易见,相对于物理修饰法,化学修饰法无论是在阻碍纳米材料的团聚还是在增强纳米材料与基质沥青的结合力方面都能够满足。因此,大多数学者选用化学修饰法对材料进行表面修饰。

综上所述,对纳米材料的修饰方法主要有物理修饰法和化学修饰法,本书是对纳米碳酸钙和纳米氧化锌进行表面修饰,主要采用化学修饰的方法,分别用不同的偶联剂对纳米碳酸钙和纳米氧化锌进行表面修饰,试验设备主要是 1 L 三口烧瓶、电动搅拌器、控制器和电热套,如图 2-7 所示,活化后的纳米材料如图 2-8 所示。

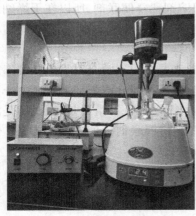

图 2-7　纳米表面修饰的仪器设备　　　　图 2-8　活化后的纳米氧化锌和纳米碳酸钙

2.2.3.2　纳米碳酸钙的修饰方法

（1）称取纳米碳酸钙的活化用量为 10 g，因为需要确定最佳偶联剂的用量，所以一开始不必活化太多，以节约纳米材料。

（2）配制乙醇溶液（选用乙醇是因为乙醇具有沸点低、散发性快、易挥发，对于试验本身原料没有不利影响且符合选用偶联剂所具备的性质及优点，可以被应用到活化纳米材料中，没有其他太大的不利影响），因为纯乙醇挥发速度比较快，所以配制的时候在乙醇中加入蒸馏水，对乙醇起到稀释的作用，按照 8∶2 的比例进行调配。

（3）根据不同剂量称取偶联剂的质量，加入到配制好的乙醇溶液中，并用玻璃棒搅拌均匀。

（4）将混合好的偶联剂溶液用玻璃棒引流，加入三口烧瓶中，启动电动搅拌器以 100 r/min 进行匀速搅拌，然后将称好的纳米碳酸钙缓慢地加入三口烧瓶中，使纳米碳酸钙与偶联剂溶液充分接触。

（5）纳米碳酸钙加完后，将电动搅拌器调至 300 r/min 的速度匀速搅拌 10 min，然后启动加热器的温度调至 50 ℃，继续搅拌 20 min。

（6）搅拌过程中应该时刻观察电动搅拌器的转速及三口烧瓶中溶液的挥发量，防止温度过高或因加入配制好的乙醇溶液少挥发完，对人体造成伤害。

（7）搅拌结束后，将溶液过滤掉，将剩下活化后的纳米碳酸钙放入电热鼓风干燥箱中进行烘干，温度控制在 100 ℃，等烘干后，对其进行研磨待用。

2.2.3.3　纳米氧化锌的修饰方法

利用铝酸脂偶联剂对纳米氧化锌的表面进行改性，具体的改性步骤如下：

（1）将纳米氧化锌放入 100 ℃的电热鼓风干燥箱中干燥 12 h。

（2）配制乙醇溶液（无水乙醇∶水 = 9∶1），用玻璃棒搅拌 5 min，根据不同剂量称取偶联剂（以纳米氧化锌质量计）的铝酸脂质量，加入配制好的乙醇溶液中，用玻璃棒搅拌 10 min 后加入三口烧瓶中，利用电动搅拌电机，在室温下搅拌 5 min。

（3）称取适量的纳米氧化锌，缓慢加入烧瓶中，并将电机温度调至 60~80 ℃，转速调至 300 r/min，搅拌 40 min。将活化纳米氧化锌放入电热鼓风干燥箱中，温度控制在 105 ℃，进行烘干，最后将干燥好的纳米氧化锌放入研钵中，研磨待用。

在使用偶联剂活化过程中需要注意以下事项：①无机纳米材料活化前必须烘干；②因稀释偶联剂溶液是乙醇溶液，而乙醇属于易挥发易燃品，故在活化试验时必须在能够通风的实验室，以免发生爆炸等不必要的灾害；③活化过程中，应密切用温度计量取溶液温度，以免局部温度过高引起偶联剂失效；④当结束搅拌后，应积极采取散热措施对混合溶液进行散热；⑤升温之前电动搅拌器应持续搅拌，以免溶液局部过热引起沸腾烫伤人员；⑥在烘干过程中，应注意烘箱通风，以免通风不畅引起箱内爆炸。

2.2.4　纳米材料活化后的效果表征

活化后的无机纳米材料，其活化效果主要通过纳米材料的亲油化度和通过纳米材料的红外光谱试验这两种方法进行测定。由于所选用的无机纳米材料的亲水性，在基质沥青中很难稳定存在，达不到共容体系，限制纳米材料的性能发挥，通过偶联剂活化后的纳米材料能够有效地与基质沥青结合,亲油化度是反映偶联剂对无机纳米材料修饰效果的体现,其数值的大小也表征了修饰后的无机纳米材料与沥青的融合及结合的能力。数值越大,说明修饰后的纳米材料亲油性越好,与沥青的融合及结合的能力也越好;数值越小,说明修饰后的纳米材料亲油性越差,与沥青的融合及结合的能力也越差。

亲油化度的测定:将 0.500 g 改性后的纳米粉体置于盛有 25 mL 蒸馏水的量筒中,然后用带有刻度的胶头滴管逐渐缓慢地加入甲醇溶液,直到将漂浮在量筒表面的纳米粉体完全润湿后,记录甲醇溶液的加入量 $V(mL)$,可以用式(2-1)进行计算[100]:

$$亲油化度 = \frac{V}{V + 25} \times 100\% \tag{2-1}$$

红外光谱测定:众所周知,光是一种电磁波,具有能量,光的传播就是能量的传播。当光照射物质时,物质就在吸收能量,从微观角度来说,就是分子吸收了光的能量,由原来的能级跃迁到较高的能级,此时光的能量相对减弱。光能的吸收,必须满足分子中某个基团的运动频率或转动频率与光的频率相同的条件。红外光也是光,其波长范围是 0.5 ~ 1 000 μm,目前最常用的波长范围是 2.5 ~ 25 μm,对应的波数范围是 4 000 ~ 400 cm^{-1}。

红外光谱法,简称为 IR 法,它的工作原理主要是一束连续的波长红外光照射在物质上时,引起物质分子的有些基团发生振动或转动,当它的振动频率或者是转动频率达到与红外光频率一致时,物质的分子就会开始吸收能量,从而由基态振动能向着较高振动能发生跃迁,最后物质就会把该处的波长光给吸收。应用仪器将物质对红外光吸收的具体情况记录下来,就是红外光谱图。从根本上讲,红外光谱图法实质是根据物质内部因吸收红外光引起的原子间的相对振动或者转动来分析物质分子结构以及鉴定化合物的方法,通常红外光谱分析图吸收峰的位置被波长或波数作为横坐标表示,吸收强度被透光率或者吸收光作为纵坐标表示。以波长(μm)或波数(cm^{-1})为横坐标,以透光率(T%)或者吸光度(A)为纵坐标。其中横坐标表示吸收峰的位置,纵坐标表示光强。红外光谱图分为特征频率区和指纹区,特征频率区主要由基团的伸缩振动产生,发生在高波数区,主要用于鉴定官能团;指纹区的吸收峰繁多,没有明显的特征,但是正是由于吸收峰多才能够区别类似的分子结构。不同物质吸收红外辐射波长是不同的,所以形成的红外光谱图也不同。

其实每种组成的分子都有着各自的基团,都有其独一无二的组成分子结构和大量存在的官能团,每种基团也有着各自特定的红外吸收峰特征,不同的物质表现出不同的红外吸收强度,所以最后形成的分析图也不相同。当不同波长的光束被物质吸收时,就会产生不同的吸光度,而红外光谱法就是利用这一原理对物质的分子结构进行分析和对比,在分析时,可根据吸收峰位置的不同、数量及强度等参数的不同,对物质的分子结构和官能团种类等进行判断。傅里叶变换红外光谱(FTIR)在测试精度和最终成像分辨率方面均具有优势,利用 FTIR 观察物质分子在谱图上反映出不同的吸收峰,分析吸收峰的形成并判断物质变化规律[101]。按照分子的振动频率和振动类型将红外光谱分为近、中、外三个红外区,其中现阶段的研究主要集中在中部区域。沥青材料中的分子基团振动也主要集中在此区域,故一般情况下选择波数在 400 ~ 4 000 cm^{-1} 的中红外区对改性沥青进行研究。

目前,红外光谱分析法被应用在各个领域当中,例如医学、物理、生物等,它的广泛应用也主要是因为其本身具有操作方便、试样用量少等优点[102]。因此,本书也采用这种方法,分析活化后的纳米材料基团的变化,来观察活化后的纳米材料表面是否与偶联剂基团结合在一起。

2.2.5　纳米材料的最佳偶联剂及其最佳剂量

对于纳米碳酸钙和纳米氧化锌这两种纳米材料选用了三种偶联剂进行了表面修饰试验,这三种偶联剂分别是硅烷偶联剂(KH-550)、硅烷偶联剂(KH-570)和铝酸酯偶联剂。其试验结果如表 2-7 所示。

表 2-7　活化后纳米碳酸钙和纳米氧化锌亲油化度　　%

偶联剂类别	纳米碳酸钙		纳米氧化锌	
	剂量	亲油化度	剂量	亲油化度
KH-550	4.0	47.4	4.0	0.5
	5.0	49.1	5.0	0.9
	6.0	58.3	6.0	1.2
	7.0	52.4	7.0	1.5
	8.0	50.0	8.0	1.7
KH-570	4.0	34.8	4.0	0.8
	5.0	40.1	5.0	1.4
	6.0	49.5	6.0	1.9
	7.0	48.0	7.0	2.1
	8.0	45.9	8.0	2.0
铝酸酯	4.0	45.1	4.0	36.1
	5.0	46.7	5.0	40.3
	6.0	53.3	6.0	62.4
	7.0	50.8	7.0	30.6
	8.0	47.6	8.0	39.0

由表 2-7 可知,硅烷偶联剂和铝酸脂偶联剂均对纳米碳酸钙有一定程度的活化作用,但效果却有不同,总体而言,三种偶联剂对纳米碳酸钙的活化作用由大到小顺序是:KH-550>铝酸酯>KH-570。其中 KH-550 最佳剂量为 6%,对应亲油化度为 58.3%;铝酸酯最佳剂量为 6%,对应亲油化度为 53.3%;KH-570 最佳剂量为 6%,对应亲油化度为49.5%。在 KH-550、KH-570、铝酸酯三种偶联剂作用下,活化后的纳米碳酸钙的亲油度分别表现为先上升后下降的趋势,均在 6%剂量下达到峰值,出现拐点。显而易见,三种偶联剂的最佳剂量均为 6%,但 KH-550 偶联剂效果最优,其在相同最佳剂量下对应的亲

油化度分别比铝酸酯和 KH-570 大 9.38%、17.78%。KH-550 活化的纳米碳酸钙亲油化度最高,具有很好的经济效应,有利于大批量生产。因此,通过三种偶联剂对纳米碳酸钙的表面活化,从亲油化度试验结果可以看出,KH-550 对于活化纳米碳酸钙的效果要优于 KH-570 和铝酸酯的活化效果,纳米碳酸钙的最佳偶联剂为 KH-550,最佳剂量为 6%。

同样,由表 2-7 可知,硅烷偶联剂和铝酸脂偶联剂也能够对纳米氧化锌有一定程度的活化作用,就效果而言,可见铝酸脂的效果最好,且在 6% 剂量下达到峰值,为最大亲油化度。三种偶联剂对纳米氧化锌的活化作用由大到小顺序为:铝酸酯>KH-570>KH-550。其中,铝酸酯最佳剂量为 6%,对应亲油化度为 62.4%;KH-570 最佳剂量为 6%,对应亲油化度为 1.9%;KH-550 最佳剂量为 6%,对应亲油化度为 1.2%。显而易见,KH-570 和 KH-550 的活化作用相差不大,两者均在剂量为 8% 时达到最大,但比铝酸酯偶联剂处理后的亲油化度少得多。因此,综合比较可得铝酸脂的效果最优,其在相同最佳剂量下对应的亲油化度分为 KH-570 和 KH-550 的 31.8 倍和 61.2 倍。铝酸酯活化的纳米碳酸钙亲油化度最高,效果最好。因此,通过三种偶联剂对纳米氧化锌的表面活化,从亲油化度试验结果可以看出,铝酸酯对于活化纳米氧化锌的效果优于 KH-570 和 KH-550 的活化效果,故纳米氧化锌的最佳偶联剂为铝酸酯,最佳剂量为 6%。

综上,最终选定 KH-550 用于活化纳米碳酸钙,铝酸酯偶联剂用于活化纳米氧化锌。

2.2.6 纳米材料修饰效果微观分析

为了进一步验证偶联剂对于活化无机纳米材料的效果,采用了红外光谱对通过亲油化度试验确定的最终表面修饰后的纳米碳酸钙和纳米氧化锌进行微观机制分析。该仪器主要采用的是河南城建学院从国外引进的布鲁克光谱仪亚太有限公司生产的 VERTEX70 型傅里叶变换红外光谱仪,如图 2-9 所示。

图 2-9 傅里叶变换红外光谱仪

制备方法:首先要把表面修饰后的纳米材料放入鼓风干燥箱中完全风干,然后在密封干燥的容器中冷却到室温。把这两种纳米材料按照一定比例,分别与溴化钾(KBr)混合在一起放入研钵中研磨成细粉,最后通过压片装置(见图 2-10)制备成透明度比较好的薄片,以待观察。

本次试验采用的扫描范围为 4 000~400 cm^{-1},扫描次数为 64 次,分辨率为 4 cm^{-1}。纳米碳酸钙和纳米氧化锌在最佳偶联剂和最佳剂量活化前后的红外光谱分析图如图 2-11、图 2-12 所示。

图 2-10　红外光谱试验压片机

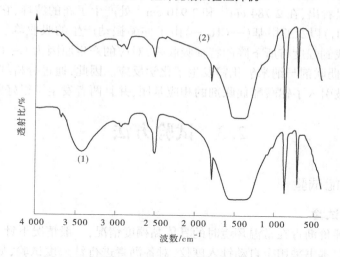

(1)表面未修饰的纳米碳酸钙;(2)表面修饰后的纳米碳酸钙。

图 2-11　纳米碳酸钙表面修饰前后的红外光谱

由图 2-11 可以知道:表面修饰前的纳米碳酸钙在光谱中 1 476 cm^{-1} 处的吸收峰是由于 CO_3^{2-} 中的 C—O 键伸缩振动,从而产生的吸收峰,在 2 497 cm^{-1} 处的吸收峰是由于 CO_3^{2-} 中的 C—O 键弯曲振动而产生的吸收峰。与修饰前不同的是,在纳米碳酸钙表面修饰后,是在 2 889 cm^{-1} 处产生了新的波峰,这处波峰是由于偶联剂中的亚甲基(—CH$_2$—)产生的伸缩振动以及弯曲振动而产生的。因此,从红外光谱的分析中可以得出用于修饰纳米碳酸钙的硅烷偶联剂(KH-550)中的化学键已经与纳米碳酸钙的表面连接在了一起。

由图 2-12 可以知道:表面修饰前的纳米氧化锌在光谱中 3 450 cm^{-1} 处的吸收峰是对

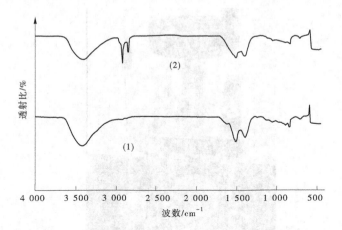

（1）表面未修饰的纳米氧化锌；（2）表面修饰后的纳米氧化锌。

图 2-12　纳米氧化锌表面修饰前后的红外光谱

应具有强氧化性的羟基—OH 的特征吸收峰，在光谱中 503 cm^{-1} 处的吸收峰是由于 Zn—O 键的伸缩振动而产生的。同样地，与修饰前纳米氧化锌不同的是，表面修饰后的纳米氧化锌从曲线中可以看出，在 2 784 cm^{-1} 和 2 910 cm^{-1} 处产生了新的波峰，它们表示着偶联剂中的甲基（—CH$_3$）以及亚甲基（—CH$_2$—）由于伸缩振动产生的吸收峰。在 1 502 cm^{-1} 和 1 386 cm^{-1} 处找到强度有所下降的特征吸收峰，对应的产生原因为 C—O 键伸缩振动。综上所述，铝酸酯偶联剂与纳米氧化锌发生了化学反应。因此，通过分析红外光谱得出纳米氧化锌的表面被引入了铝酸酯偶联剂的相应基团，并且两者发生了很好的作用。

2.3　试验方法

2.3.1　常规性能试验

2.3.1.1　针入度试验

针入度可以评价沥青在常温环境时的具体黏稠度情况，一般情况下针入值越低，则沥青路面性能越好。本书采用全自动针入度仪，对各沥青进行针入度试验，如图 2-13 所示。保持试验温度为（25±0.1）℃，取 3 组测定结果的平均值作为最终针入度测定结果。

具体试验步骤如下：

（1）先将恒温水槽调节到要求的试验温度 25 ℃，或 15 ℃、30 ℃（5 ℃），保持稳定；将试样注入盛样皿中，试样高度应超过预计针入度值 10 mm，并盖上盛样皿，以防落入灰尘。盛有试样的盛样皿在 15~30 ℃室温中冷却不少于 1.5 h（小盛样皿）、2 h（大盛样皿）或 3 h（特殊盛样皿）后，应移入保持规定试验温度±0.1 ℃的恒温水槽中，并应保温不少于 1.5 h（小盛样皿）、2 h（大试样皿）或 2.5 h（特殊盛样皿）；调整针入度仪使之水平。检查针连杆和导轨，以确认无水和其他外来物，无明显摩擦。用三氯乙烯或其他溶剂清洗标准针，并擦干。将标准针插入针连杆，用螺钉固紧。按试验条件，加上附加砝码。

（2）取出达到恒温的盛样皿，并移入水温控制在试验温度±0.1 ℃（可用恒温水槽中

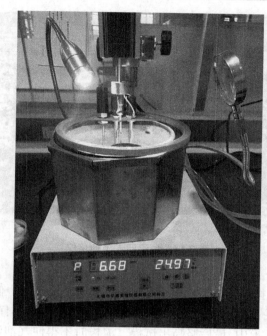

图 2-13 全自动针入度仪

的水)的平底玻璃皿中的三脚支架上,试样表面以上的水层深度不小于 10 mm。

(3)将盛有试样的平底玻璃皿置于针入度仪的平台上。慢慢放下针连杆,用适当位置的反光镜或灯光反射观察,使针尖恰好与试样表面接触,将位移计或刻度盘指针复位为零。

(4)开始试验,按下释放键,这时计时与标准针落下贯入试样同时开始,至 5 s 时自动停止。

(5)读取位移计或刻度盘指针的读数,准确至 0.1 mm。

(6)同一试样平行试验至少 3 次,各测试点之间及与盛样皿边缘的距离不应小于 10 mm。每次试验后应将盛有盛样皿的平底玻璃皿放入恒温水槽,使平底玻璃皿中水温保持试验温度。每次试验应换一根干净标准针或将标准针取下用蘸有三氯乙烯溶剂的棉花或布揩净,再用干棉花或布擦干。

(7)测定针入度大于 200 的沥青试样时,至少用 3 支标准针,每次试验后将针留在试样中,直至 3 次平行试验完成后,才能将标准针取出。

(8)测定针入度指数 PI 时,按同样的方法在 15 ℃、25 ℃、30 ℃(或 5 ℃)3 个或 3 个以上(必要时增加 10 ℃、20 ℃等)温度条件下分别测定沥青的针入度,但用于仲裁试验的温度条件应为 5 个。

2.3.1.2 延度试验

在低温条件下测得的延度值,可以在一定程度上揭示沥青所能经受的塑性变形值,沥青延度值越大,表明其抵抗低温变形的能力越强。本书采用恒温沥青延伸度仪对各沥青进行延度测试,试验过程如图 2-14 所示,最终取 3 组测定结果的平均值作为延度测定结果。

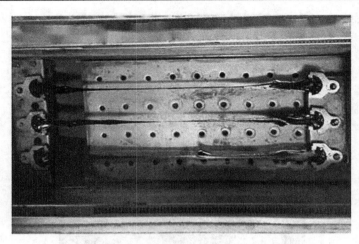

图 2-14　恒温沥青延伸度仪

具体试验步骤如下：

（1）首先将隔离剂拌和均匀，涂于清洁干燥的试模底板和两个侧模的内侧表面，并将试模在试模底板上装妥；按规程规定的方法准备试样，然后将试样仔细自试模的一端至另一端往返数次缓缓注入模中，最后略高出试模。灌模时不得使气泡混入；试件在室温中冷却不少于 1.5 h，然后用热刮刀刮除高出试模的沥青，使沥青面与试模面齐平。沥青的刮法应自试模的中间刮向两端，且表面应刮得平滑。将试模连同底板再放入规定试验温度的水槽中保温 1.5 h；检查延度仪延伸速度是否符合规定要求，然后移动滑板使其指针正对标尺的零点。将延度仪注水，并保温达到试验温度±0.1 ℃。

（2）将保温后的试件连同底板移入延度仪的水槽中，然后将盛有试样的试模自玻璃板或不锈钢板上取下，将试模两端的孔分别套在滑板及槽端固定板的金属柱上，并取下侧模。水面距试件表面应不小于 25 mm。

（3）开动延度仪，并注意观察试样的延伸情况。此时应注意，在试验过程中水温应始终保持在试验温度规定范围内，且仪器不得有振动，水面不得有晃动，当水槽采用循环水时，应暂时中断循环，停止水流。在试验中，当发现沥青细丝浮于水面或沉入槽底时，应在水中加入酒精或食盐，调整水的密度至与试样相近后，重新试验。

（4）试件拉断时，读取指针所指标尺上的读数，以 cm 计。在正常情况下，试件延伸时应呈锥尖状，拉断时实际断面接近于零。如不能得到这种结果，则应当注明。

2.3.1.3　软化点试验

软化点在一定程度上可表征沥青高温性能，同时是判断沥青黏度的重要指标。测试通常采用环球法。本书采用的试验设备为沥青软化点自动试验器，如图 2-15 所示。同一样品同时测试两次，如果两者之间的差异与允许的误差一致，则以精确 0.5 ℃ 的平均值，作为软化点试验的最终结果。

将试样环置于涂有甘油滑石粉隔离剂的试样底板上。按试验规定方法将准备好的沥青试样徐徐注入试样环内至略高出环面为止。如估计试样软化点高于 120 ℃，则试样环和试样底板（不用玻璃板）均应预热至 80~100 ℃；试样在室温冷却 30 min 后，用热刮刀

图 2-15　沥青软化点自动试验器

刮除环面上的试样,应使其与环面齐平。

具体试验步骤如下。

1. 试样软化点在 80 ℃以下者

(1) 将装有试样的试样环连同试样底板置于装有(5±0.5)℃水的恒温水槽中至少 15 min;同时,将金属支架、钢球、钢球定位环等亦置于相同水槽中。

(2) 烧杯内注入新煮沸并冷却至 5 ℃的蒸馏水或纯净水,水面略低于立杆上的深度标记。

(3) 从恒温水槽中取出盛有试样的试样环放置在支架中层板的圆孔中,套上定位环,然后将整个环架放入烧杯中,调整水面至深度标记,并保持水温为(5±0.5)℃。环架上任何部分不得附有气泡。将 0~100 ℃的温度计由上层板中心孔垂直插入,使端部测温头底部与试样环下面齐平。

(4) 将盛有水和环架的烧杯移至放有石棉网的加热炉具上,然后将钢球放在定位环中间的试样中央,立即开动电磁振荡搅拌器,使水微微振荡,并开始加热,使杯中水温在 3 min 内调节至维持每分钟上升(5±0.5)℃。在加热过程中,应记录每分钟上升的温度值,如温度上升速度超出此范围,则试验应重做。

(5) 试样受热软化逐渐下坠,至与下层底板表面接触时,立即读取温度,准确至 0.5 ℃。

2. 试样软化点在 80 ℃以上者

(1) 将装有试样的试样环连同试样底板置于装有(32±1)℃甘油的恒温槽中至少 15 min;同时将金属支架、钢球、钢球定位环等亦置于甘油中。

(2) 在烧杯内注入预先加热至 32 ℃的甘油,其液面略低于立杆上的深度标记。

(3) 从恒温槽中取出装有试样的试样环,按上述(1)的方法进行测定,准确至 1 ℃。

当试样软化点小于 80 ℃时,重复性试验的允许误差为 1 ℃,再现性试验的允许误为 4 ℃;当试样软化点大于或等于 80 ℃时,重复性试验的允许误差为 2 ℃,再现性试验的允许误差为 8 ℃。

2.3.1.4 旋转黏度试验

旋转黏度试验又称布氏黏度试验,主要用于测定路面沥青在一定温度区间的表观黏度值。本书采用布氏旋转黏度计,对 135 ℃的沥青进行表观黏度测试,如图 2-16 所示,同一样品同时试验两次,如果两者之间的差异与允许的误差一致,则使用平均值作为最终黏度测量值。

图 2-16　布氏旋转黏度计

具体试验步骤如下:

(1)根据相关试验方法准备沥青试样,分装在盛样容器中,在烘箱中加热至软化点以上 100 ℃左右保温 30~60 min 备用,对改性沥青尤应注意去除气泡。

(2)仪器在安装时必须调至水平,使用前应检查仪器的水准器气泡是否对中。开启黏度计温度控制器电源,设定温度控制系统至要求的试验温度。此系统的控温准确度应在使用前严格标定。

(3)根据估计的沥青黏度,按仪器说明书规定的不同型号的转子所适用的速率和黏度范围,选择适宜的转子。

(4)取出沥青盛样容器,适当搅拌,按转子型号所要求的体积向黏度计的盛样筒中添加沥青试样,根据试样的密度换算成质量。加入沥青试样后的液面应符合不同型号转子的规定要求,试样体积应与系统标定时的标准体积一致。

(5)将转子与盛样筒一起置于已控温至试验温度的烘箱中保温,维持 1.5 h。当试验温度较低时,可将盛样筒试样适当放冷至稍低于试验温度后再放入烘箱中保温。

(6)取出转子和盛样筒安装在黏度计上,降低黏度计,使转子插进盛样筒的沥青液面中,至规定的高度。

(7)使沥青试样在恒温容器中保温,达到试验所需的平衡温度(不少于 15 min)。

(8)按仪器说明书的要求选择转子速率,例如在 135 ℃测定时,对 RV、HAHB 型黏度计可采用 20 r/min,对 LV 型黏度计可采用 12 r/min,在 60 ℃测定可选用 0.5 r/min 等。

开动布洛克菲尔德黏度计,观察读数,扭矩读数应在 10%～98%。在整个测量黏度过程中,不得改变设定的转速。仪器在测定前是否需要归零,可按操作说明书规定进行。

（9）观测黏度变化,当小数点后面 2 位读数稳定后,在每个试验温度下,每隔 60 s 读数 1 次,连续读数 3 次,以 3 次读数的平均值作为测定值。

（10）对每个要求的试验温度,重复以上过程进行试验。试验温度宜从低到高进行,盛样筒和转子的恒温时间应不小于 1.5 h。

（11）如果在试验温度下的扭矩读数不在 10%～98% 的范围内,必须更换转子或降低转子转速后重新试验。

（12）利用布洛克菲尔德黏度计测定不同温度的表观黏度,绘制黏温曲线。一般可采用 135 ℃ 和 175 ℃ 的表观黏度,根据需要也可以采用其他温度。

2.3.1.5　老化试验

本书采用旋转薄膜烘箱试验（RTFOT）来模拟沥青铺装过程中（如拌和、摊铺等）发生的短期老化,如图 2-17 所示。按照规程中 T0610 的要求,将质量为（35±0.5）g 的沥青样品放入样品瓶中,称重并放置瓶子在烘箱环形框架的每个位置上,然后关闭烘箱,打开环形框架的旋转开关,以（15±0.2）r/min 的速率旋转。同时,以 4 000 mL/min 的流速将热空气注入旋转样品瓶中。烘箱温度保持在（163±0.5）℃。总持续时间为 85 min,所有试验流程应在 72 h 内完成。

图 2-17　旋转薄膜烘箱试验

具体试验步骤如下:

（1）先用汽油或三氯乙烯洗净盛样瓶后,置于温度（105±5）℃烘箱中烘干,并在干燥器中冷却后编号称其质量（m_0）,准确至 1 mg。盛样瓶的数量应能满足试验的试样需要,通常不少于 8 个;将旋转加热烘箱调节水平,并在（163±0.5）℃下预热不少于 16 h,使箱内空气充分加热均匀。调节好温度控制器,使全部盛样瓶装入环形金属架后,烘箱的温度应在 10 min 以内达到（163±0.5）℃;调整喷气嘴与盛样瓶开口处的距离为 6.35 mm,并调节流量计,使空气流量为（4 000±200）mL/min;按照相关试验方法准备沥青试样,分别注入已称质量的盛样瓶中,其质量为（35±0.5）g,放入干燥器中冷却至室温后称取质量（m_1）,准确至 1 mg。需测定加热前后沥青性质变化时,应同时灌样测定加热前沥青的性质。

（2）将称量完后的全部试样瓶放入烘箱环形架的各个瓶位中，关上烘箱门后开启环形架转动开关，以（15±0.2）r/min 速度转动。同时开始将流速（4 000±200）mL/min 的热空气喷入转动着的盛样瓶的试样中，烘箱的温度应在 10 min 回升到（163±0.5）℃，使试样在（163±0.5）℃温度下受热时间不少于 75 min。总的持续时间为 85 min。若 10 min 内达不到试验温度，则试验不得继续进行。

（3）到达时间后，停止环形架转动及喷射热空气，立即逐个取出盛样瓶，并迅速将试样倒入一洁净的容器内混匀（进行加热质量变化的试样除外），以备进行旋转薄膜加热试验后的沥青性质的试验，但不允许将已倒过的沥青试样瓶重复加热来取得众多的试样，所有试验项目应在 72 h 内全部完成。

（4）将进行质量变化试验的试样瓶放入真空干燥器中，冷却至室温，称取质量（m_2），准确至 1 mg。此瓶内的试样即予废弃（不得重复加热用来进行其他性质的试验）。

2.3.1.6　动态剪切流变试验

美国战略公路研究计划（SHRP）中规定沥青结合料的中高温流变新性能可采用动态剪切流变试验测得。动态剪切流变仪（DSR）所获得的主要指标为复数模量（G^*）和相位角（δ）。该使用仪器为动态剪切流变仪（DSR）。本书采用的动态剪切流变仪如图 2-18 所示，主要技术指标如表 2-8 所示，对沥青进行高温性能研究，温度扫描选定的温度范围为 46~82 ℃，主要分析复数剪切模量 G^*、相位角 δ 两个指标在不同温度下图形的走向趋势，进而研究基质沥青、SBR 改性沥青和纳米碳酸钙/纳米氧化锌及 SBR 复合改性沥青老化前后的高温性能。频率扫描选定的温度范围为 40~88 ℃，主要分析复数剪切模量 G^* 在不同角频率下图形的走向趋势，进一步研究三种沥青老化前后的抗变形能力。

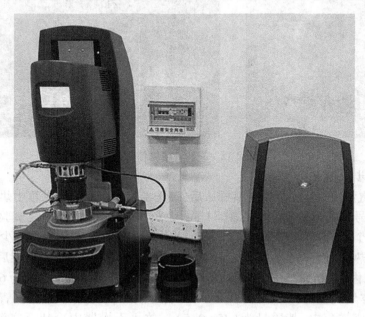

图 2-18　动态剪切流变仪

表 2-8　DSR 主要技术指标

技术指标	单位	DHR-1
动态最小扭矩	nN·M	10
稳态最小扭矩	nN·M	20
最大扭矩	mN·M	150
扭矩分辨率	nN·M	0.1
最小频率	Hz	$1.0×10^{-7}$
最大频率	Hz	100
最小角频率	rad/s	0
最大角频率	rad/s	300
位移分辨率	nrad	10
法向力灵敏度	N	0.01
法向力分辨率	mN	1

　　先准备试样,加热沥青至足够流动状态,用来浇筑试件,原样沥青加热的温度不宜高于 135 ℃,改性沥青加热温度不超过 163 ℃。在加热过程中给样品加盖,并适当进行搅拌,以保证样品的均匀性和赶走气泡;将选择的试验板固定于试验机上,在试验温度下,建立试验板零间隙水平向上移动顶板,使板间隙为(1±0.05)mm(直径 25 mm,用于原样沥青和薄膜烘箱或旋转薄膜烘箱老化后的沥青)或(2±0.05)mm(直径 8 mm,用于压力老化后的沥青);仔细清洁试验板表面,使沥青均匀牢固地粘到试验板上。当采用直径 8 mm 试件时,将环境室温度升到约 45 ℃;当采用直径 25 mm 试件时,将环境室温度升到试验温度或试验温度范围的初始温度;取出试验板,将沥青浇注在试验板的中心处,使得沥青基本覆盖整个板(除周边留有 2 mm 宽外)。待沥青变硬后将试验板装回流变仪;移动试验板挤压两个试验板间的试件,加热试件修整器,修整周边多余的沥青;试件修整后,调整间隙到试验间隙。

　　具体试验步骤如下:

　　(1)调整好试验板间隙后,将试件温度升到试验温度±0.1 ℃。当对沥青进行确认试验时,从沥青性能分级要求(PG)中选择合适的试验温度;将温度控制器设定到所需要的试验温度±0.1 ℃,对试件恒温至少 10 min,然后开始试验。

　　(2)在应力或应变控制方式下进行试验。当采用应力控制方式时,从表 2-9 中选择合适的应力值进行试验。动态剪切流变仪能自动控制应力,不需操作者调整;当采用应变控制方式时,从表 2-10 中选择合适的应变值进行试验。动态剪切流变仪能自动控制应变,不需调整。

表 2-9　目标应力值　　　　　　　　　　单位:kPa

材料	临界值		应力	
			目标水平	范围
原样沥青	$G^* \sin \delta$	≥1.0	0.12	0.09~0.15
TFOT/RTFOT 残留物	$G^*/\sin \delta$	≥2.2	0.22	0.18~0.26
PAV 残留物	$G^* \sin \delta$	≤5 000	50.0	40.0~60.0

表 2-10　目标应变值

材料	临界值/kPa		应变/%	
			目标值	范围
原样沥青	$G^* \sin \delta$	≥1.0	12	9~15
TFOT/RTFOT 残留物	$G^*/\sin \delta$	≥2.2	1.0	8~12
PAV 残留物	$G^* \sin \delta$	≤5 000	1	0.8~1.2

（3）当温度达到平衡时,设备将自动以 10 rad/s 的频率和选择的应力（或应变）目测值进行试验,第一次 10 个循环,不记录数据;第二次 10 个循环,记录数据,用于计算复合剪切模量和相位角。记录和计算均由数据采集系统完成。

（4）试件制备和修整结束后,应立即进行试验。在多个温度下进行试验时,从试件加热到整个试验结束应在 4 h 内完成。

2.3.2　弯曲蠕变劲度试验

沥青的弯曲蠕变劲度试验的仪器为弯曲梁流变仪（BBR）。该试验的主要指标为蠕变劲度 S 值和应力分散能力 m 值。《高性能沥青路面（Superpave）施工技术规范规范》（DB52T 1599—2021）规定,在低温蠕变试验中采用 60 s 时 S 值和 m 值表征沥青结合料在低温条件下的流变特性,其中 60 s 沥青蠕变劲度 S 应当不大于 300 MPa,m 值大于等于 0.30。本书采用的仪器为 ATS 型低温弯曲流变仪,如图 2-19 所示。制备的基质沥青、Nano-ZnO 改性沥青和 Nano-ZnO/BF 复合改性沥青的小梁弯曲试件,如图 2-20 所示。本书低温试验所优选的温度分别是-12 ℃、-18 ℃和-24 ℃,在寒冷环境下,对试件进行连续时长为 4 min 的应力加载,然后分别记录 3 种小梁弯曲试件的蠕变劲度模量 S 值,以及蠕变切线斜率 m 值,更直观地对比分析 3 种沥青的低温性能。

具体试验步骤如下。

2.3.2.1　准备工作

（1）按操作说明书打开软件、加载和数据采集系统。

（2）选择试验温度并将浴液的温度调节到所选温度。试验前将温度恒温到试验温度 ±0.1℃。

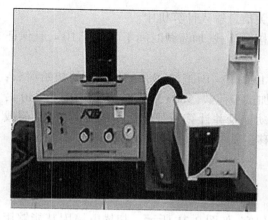

图 2-19　ATS 型低温弯曲流变仪

图 2-20　小梁弯曲试件

（3）打开空气轴承，用荷载调节器调节加载轴，使它在垂直路径约中间点处自由漂浮。

（4）调节负载设置。将厚 6.4 mm 的不锈钢梁放在支架上，调节相关按钮，使接触荷载达到（35±10）mN，相应的初始试验荷载应为（980±50）mN。

（5）系统检查。在每次进行试验前，将厚度为 1.0~1.6 mm 的不锈钢（薄）梁放在样品支架上，按程序要求操作测定薄梁模量，模量值应在薄梁模量的标准值范围内。

（6）温度传感器的检查。当试验温度改变时，用标准温度计显示的温度与数据采集系统显示的温度进行比较，数据采集系统显示的温度与标准温度计显示的温度差应该在±0.1 ℃内。

2.3.2.2　试件准备

（1）按相关试验规范准备试样。将沥青在烘箱中加热，直到沥青充分流动，成为容易浇注的状态。

（2）浇筑试件（金属模）。模具放在室温下，将沥青从模具的一端向另一端来回浇注，使沥青略高出模具。倾倒时使盛样容器距模具顶端 20~30 mm，以单一路径向另一端浇注沥青，将倒满沥青的模具在室温下冷却 45~60 min。冷却到室温后，用热刀切掉并切平冷却后高出模具顶端的沥青样品。

（3）试验前将模具中的试件置于室温下，试件浇筑完后应在 4 h 内完成试验。

（4）在脱模前，将含试件的金属模放在冷却室或水浴中冷却，保证试件在脱模时不变形。冷却温度宜采用（-5±5）℃，冷却时间为 5~10 min。

（5）当模具内试件已达到脱模条件时，宜立即拆掉金属模具将试件移出。为了避免试件变形，应将塑料片和侧模从试件上滑动脱模。

注：在脱模过程中，小心拿好试件不要使试件变形。变形的试件将会影响测得的劲度和 m 值。

2.3.2.3　试验步骤

（1）试件脱模后，立即将试件放入达到试验温度的恒温浴中，恒温保持（60±5）min后，将试件安放在支架上，保持恒温浴温度在试验温度±0.1 ℃内。

（2）将试件资料试验荷载、试验温度等有关信息输入计算机中。

（3）向试件手动施加一个（35+10）mN 的接触荷载，加荷载时间不能大于 10 s，且保证试件和荷载头之间的接触。

（4）激活自动试验系统，加载过程为：在（1±0.1）s 内施加（980±50）mN 的初始荷载；将荷载减小到（35±10）mN，维持（20±1）s；施加试验荷载（980±50）mN，维持时间为 240 s，计算机将从 0.5 s 起，以 0.5 s 的时间间隔自动记录并计算荷载及形变值；卸去试验荷载并返回到（35+10）mN 的接触荷载；从支架上移走试件进行下一个试验。

2.3.3　微观结构分析

2.3.3.1　扫描电镜试验

通过场发射扫描电子显微镜对材料进行研究，如图 2-21 所示。扫描电镜因其能够用很低的电子束能量打在沥青的表面，与原子间发生相互作用，结合电子光学原理进而形成观测图像，且其能够将材料放大到纳米级别的倍数，去观察材料的形貌和分布情况，这是普通显微镜所不能相比的。依次对基质沥青、纳米氧化锌改性沥青、纳米碳酸钙改性沥青、SBR 改性沥青及复合改性沥青进行不同倍数观察分析，可以更加清晰地研究外掺剂与沥青的结合情况，以及具体分布特征，从而可以更好地区分它们之间微观结构的差异性，判断各基团之间可能存在的作用力，进而分析改性剂对沥青的改性机制。

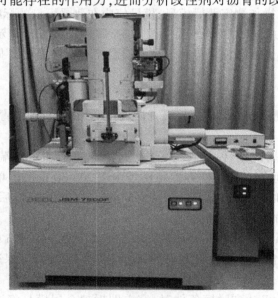

图 2-21　场发射扫描电子显微镜

2.3.3.2　傅里叶红外光谱试验

试验原理及试验仪器的相关内容已在第 2 章的 2.2.3 小节和 2.2.5 小节中详细描述，本书分别对基质沥青、纳米氧化锌改性沥青、纳米碳酸钙改性沥青、SBR 改性沥青及复合改性沥青进行微观改性机制研究。

2.3.3.3　差示扫描量热分析

差示扫描量热法(DSC)装置是准确测量转变温度、转变熔的一种精密仪器,它的主要原理是:将试样和参比物置于相同热条件下,在程序升降温过程中,始终保持样品和参比物的温度相同。当样品发生热效应时,通过微加热器等热元件给样品补充热量或减少热量,以维持样品和参比物的温差为零。加热器所提供的热量通过转换器转换为电信号作为 DSC 曲线记录下来。差示扫描量热法是在程序控制温度下,测量输给物质和参比物的功率差与温度关系的一种技术。它是一种将与物质内部相转变有关的热流作为时间和温度的函数进行测量的热分析技术。这些测量能提供关于大量物质的物理和化学的变化,包括吸热、放热、热容变化过程,以及物质相转变的定量或定性的信息,它分析速度快、样品用量少,且制作简便,对固体、液体皆适用,有宽广的测温范围及优良的定量能力,是最为广泛应用的热分析技术。

工作原理:DSC 装置是在试样和参比物容器下装有两组补偿加热丝,当试样在加热过程中由于热效应与参比物之间出现温差 ΔT 时,通过差热放大电路和差动热量补偿放大器,使流入补偿电热丝的电流发生变化,当试样吸热时,补偿放大器使试样一边的电流立即增大;反之,当试样放热时则使参比物一边的电流增大,直到两边热量平衡,温差 ΔT 消失。换句话说,试样在热反应时发生的热量变化,由于及时输入电功率而得到补偿,所以实际记录的是试样和参比物下面两只电热补偿的热功率之差随时间 t 的变化($dH/dt \sim t$)关系。如果升温速率恒定,记录的也就是热功率之差随温度 T 的变化($dH/dt \sim T$)关系,其峰面积 S 正比于热熔的变化,即 $\Delta T = KS$,式中:K 为与温度无关的仪器常数。

2.3.4　沥青混合料路用性能试验

本书按照相关规范中相应要求对 AC-13 型级配进行处理后,以 0.5% 为间隔,初步选择 3.9%、4.4%、4.9%、5.4% 和 5.9% 五组油石比,然后通过标准马歇尔试件优选出基质沥青、SBR 改性沥青和纳米碳酸钙、纳米氧化锌及 SBR 复合改性沥青的最佳油石比,并依次配制成混合料,最后基于高温稳定性、低温抗裂性、水稳定性、疲劳性试验和三轴压缩试验,通过对比分析,综合评价复合改性沥青的高温稳定性、低温抗裂性能、抗水损害能力、抗疲劳性能以及抗剪性能。

2.4　本章小结

本章对原材料和纳米材料的表面修饰进行了研究和分析,并对纳米材料活化后需要应用的研究方法进行了确定,最终得到了最佳的活化剂量。主要结论如下:

(1)选用三种偶联剂(KH-550、KH-570、铝酸酯)分别对纳米碳酸钙和纳米氧化锌进行了表面修饰,得出纳米碳酸钙最佳偶联剂为 KH-550,最佳剂量为 6%;纳米氧化锌最佳偶联剂为铝酸酯,最佳剂量为 6%。

(2)通过红外光谱对活化后的纳米碳酸钙和纳米氧化锌分析可知,纳米材料得到很好的表面修饰,并且其效果很好。

第 3 章 纳米碳酸钙对基质沥青及 混合料的性能改善与影响

以科氏 90° 基质沥青掺加纳米碳酸钙(标号为 NPCC-101*)为主要研究对象,通过常规指标的测试,对基质沥青与改性沥青的试验结果进行对比分析,研究其改性效果。科氏 90° 基质沥青掺加纳米碳酸钙制备的改性沥青,其路用性能改善与影响情况如下。

3.1 纳米碳酸钙对基质沥青感温性的影响

公路沥青路面要经受一年四季的考验,人们都希望夏天沥青要硬一些、不发软,冬天要柔韧一些、不发脆。而实际上,沥青总是夏天软、冬天脆,只不过程度不同而已。表征沥青发生性质变化幅度的指标就是感温性指标。沥青材料的温度感应性或称温度敏感性,简称感温性。沥青材料的温度敏感性是决定沥青使用时的工作性,以及应用于路面中的服务性的重要指标,也是沥青路用性能的核心指标。我国"八五"攻关得出,采用针入度指数 PI 表征沥青感温性能既方便,又合理。该研究认为,路面使用期间的温度一般在 $-30 \sim +60$ ℃,而 PI 是由 $5 \sim 30$ ℃ 温度的针入度变化决定的,用 PI 更能说明这一实用温度区间的温度敏感性。

3.2 纳米碳酸钙对基质沥青高温稳定性的改善与影响

沥青是多种碳水化合物的混合物,是无定形物质,所以它没有明确的熔点,随着测试温度的升高,沥青逐渐软化。众所周知,沥青的软化点是沥青高温稳定性的重要指标,数值表达很直观,直接与表示路面发软变形的程度相关联,软化点高意味着等黏温度 EVT 高,相应的沥青混合料的高温稳定性也好,抗变形能力强。几乎所有国家的沥青标准中都列入了软化点指标。软化点只是在一特定试验条件下表示沥青软硬程度的一个条件温度,决不能把软化点误解成是由固体变为液体的界限,在软化点温度前后,性质不发生质的变化。软化点与针入度一样,常常为控制制造工艺、检验产品质量、评定沥青性质及选择使用条件所应用。其试验方法较之针入度和延度试验更为简单,能很快得出结果。对高温稳定性评价指标,根据我国《公路工程沥青及沥青混合料试验规程》(JTGE 20—2011),以当量软化点 T 代替实测软化点 T_0 来评价沥青的高温性能。T_0 具有软化点,表示沥青高温稳定性的全部优点,又克服了沥青中蜡含量对软化点的影响。所谓当量软化点,是真正遵从理论上沥青软化点实际上是等黏温度这个原则提出的。在球的恒定荷载下,在沥青试样上产生的剪应力使钢球能穿透沥青试样下坠,说明沥青的黏度达到了所能承受的极限。许多学者的研究证明,软化点温度大体相当于沥青的针入度为 800 或黏度为 1 300 Pa·s(也有人认为是 1 200 Pa·s)的温度。反过来,将针入度为 800(0.1 mm)的温度定义为当量软化点 T'。

针入度试验常用的试验条件为 P25 ℃-100 g-5 s,即试验温度为 25 ℃,标准针质量为 100 g,贯入时间为 5 s,按此种方法测定的针入度值越大,表示沥青越软(稠度越小),实质上针入度是测定沥青稠度的一个指标,通常稠度高的沥青其黏度亦高。但是,由于沥青结构的复杂性,将针入度换算为黏度的一些方法均不能获得满意的结果。对多数的基质沥青而言,大量的试验证明其针入度对数与温度满足直线关系。但是,这种关系是否对纳米碳酸钙改性沥青也适用还需要进一步的试验证明。当量软化点的下降,分析其原因,主要是改性沥青 30 ℃的针入度增大幅度较基质沥青大造成的,沥青 15 ℃的针入度值基本没有变化,25 ℃的针入度值略有增加,这使回归直线的斜率变大,进而影响了 T 的计算结果。我国"八五"攻关项目提出的 T_0 指标,主要针对我国出产的沥青中含蜡量普遍偏高的情形。在本研究中科氏 90°基质沥青的含蜡量为 1.8%,远低于要求的 3%,可以认为沥青环与球软化点试验结果基本上不受蜡的影响,这一点从实测软化点 T_4 与当量软化点 T_0 测试结果较为接近就得以证实。纳米碳酸钙的加入,沥青环与球软化点试验实测软化点有一定的升高,说明沥青的高温稳定性有了一定程度的改善。指标 T_0 是否适用于评价纳米碳酸钙改性沥青的高温性能有待进一步的试验证明。

3.3　NPCC-101* 对基质沥青低温抗裂性的改善与影响

大量研究资料表明,沥青结合料是决定沥青路面低温开裂的主要原因,目前评价沥青结合料低温抗裂性能的指标很多,诸如低温感温比、脆点、当量脆点、低温延度等。"八五"攻关课题使用 7 种代表性的沥青弗拉斯脆点测定值,与路上的使用情况矛盾,说明了弗拉斯脆点的不可靠性。而用当量脆点 T_2 来衡量路用性能则有很好的相关性,由此认为用当量脆点 T_2 作为评价沥青结合料的低温抗裂性能指标是合理的。

由于沥青延度试验简便、测试快速等,作为评价沥青低温性能的指标已使用了许多年。近年来,一般认为沥青的低温延度与开裂性能关系密切。在我国,沥青受蜡的影响,延度指标常达不到要求,所以延度也有限制含蜡量的意义。为了进一步提高沥青延度的意义,采用更低的试验温度是必要的。"八五"攻关课题研究认为,以非改性沥青来说,温度太低时量测困难,在低于 5 ℃,尤其是在 0 ℃、3 ℃试验时,沥青基本上属于脆性断裂,断裂的位置有时在中间,有时在两端,不少沥青试件在试验刚开始就断裂,在 5 cm/min 速度下,各种沥青的延度差别甚小,难以明显区分,大于 7 ℃到 15 ℃延度迅速拉开。因此,低温延度的拉伸速度为 5 cm/min,试验温度采用 10 ℃是适宜的。在此温度下,沥青的延度基本上都是黏性断裂,能反映拉伸性能,不同沥青之间的差别较大,试验也较易实现,而质量好的沥青 15 ℃延度都大于 100 cm,看不出好坏的问题。所以,"八五"攻关课题提出 10 ℃延度作为评价沥青低温抗裂性能指标。

在试验过程中,有些试样在伸长很短时就在试样的中部或端部脆性断裂,断裂面与拉伸方向几乎垂直,伸长量短到延度试验仪器测不出来。有的试样在延度仪开动的瞬间就发生了脆性破坏，这是一种非常规的破坏模式。常见的破坏模式是常温条件下沥青在拉伸过程中中央部位成为比较均匀拉长的细丝，最终在拉伸中部断裂，这是一种黏性破坏。而上述的非常规破坏模式则是一种完全的脆性破坏，说明在试验温度下，该试样已经由黏性转化为脆性。少数试样出现脆性破坏的原因，是纳米碳酸钙的加入，增加了沥青材料的不均匀点，形成应力集中点，更容易出现破坏，导致沥青延度试验时出现脆性破坏。

第 4 章　纳米碳酸钙改性沥青的机制分析

纳米 NPCC-101* 掺入沥青中,使沥青各方面的技术性能获得了不同程度的改善与影响,提高了沥青路面的部分路用性能和服务水平。改性剂的掺入,究竟是如何引起沥青性能发生变化,下面从沥青及改性剂的微观结构入手来研究改性剂与基质沥青的改性机制及相互影响作用。

众所周知,沥青是由十分复杂的相对分子质量很大的碳氢化合物及其衍生物所组成的混合物。对它进行分析是一件十分困难的工作,在实际生产和使用过程中有许多现象需要做出解释或者寻找出解决的途径,因而有必要采用各种分析手段乃至仪器分析的方法来获得有关的信息。近年来,随着分析仪器的改进与普及,以及应用技术的显著进步,积累了大量有关石油沥青的信息,例如采用组分分析法、液相色谱法以及核磁共振法可以大致判明有什么特殊组成和结构是构成优质道路沥青的基本条件;再如采用反相气相色谱法、液相色谱法及红外光谱法可以了解沥青老化的过程,以及在实验室中对沥青的抗老化性能进行预测等。

石油沥青主要由有机物所组成,此外尚含有少量的金属有机化合物,是一种由多种复杂的碳氢化合物和这些碳氢化合物的非金属衍生物组成的混合物。由于相对分子质量大,结构复杂,要想对它进行精确分离,以目前的技术水平几乎是不可能的。长期以来,许多人对研究石油沥青的化学组成都望而生畏,近年来,由于近代分离分析方法的发展和应用,对沥青化学组成的研究已逐渐打开局面,并有了显著的进展,但仍然不够深。在中国,对沥青化学组成的研究于 20 世纪七八十年代起步。有机物主要由烃类和非烃类所组成,非烃类主要由碳、氢、氧、氮、硫元素组成。金属化合物主要为镍(Ni)、钒(V)等金属化合物。每一种沥青都由不同的元素组成,根据元素组成可粗略地了解沥青的组成情况,但由于沥青化学组成结构的复杂性,从沥青元素分析成果尚不能直接得到沥青元素含量与路用性能的相关关系。又由于目前分析技术的限制,要将沥青分离为纯粹的化合物单体,存在许多困难。现在对沥青化学组成的研究,在多数情况下,还不能采用研究石油低沸点馏分的化学组成那样的方法将沥青按化学结构分为不同的类型,只能根据沥青在某些选择性溶剂中的溶解性或其他物理性质,分成几种不同的组分,因此许多研究者集中力量于研究沥青的化学组成分析。显然,分离条件的改变,所得组分的性质和数量都会有所不同,所以沥青中各组分的名称和定义多是条件性的。本研究中采用沥青四组分分析法,来研究沥青及改性沥青的组分变化情况与路用性能的关系。

物质的结构,泛指组成物质的不同尺度的结构单元在空间的相对排列。这种相对排列及其运动,是物质具有各种性质的决定因素。沥青与改性沥青的结构包括分子结构、大分子链的结构。分子结构研究分子链中原子或基团之间的几何排列,大分子链研究分子内的相互作用达到平衡时,一个分子链中原子或者基团之间的几何排列,包括构型及构象。组成分子链所含原子不同或基团不同、极性不同以及在空间的排列不同,便构成每一种沥青与其他沥青之间性质各不相同。也就是说,具有一定结构的沥青表现出与此结构相一致的路用性能。

目前对沥青微观结构的分析,国内外采用红外光谱图分析沥青的分子结构和官能团变化,用 DSC 差热分析研究沥青聚集态变化,用电子或荧光显微镜研究改性剂在沥青中的分布情况。在本研究中采用了红外光谱、核磁共振、DSC 差热分析、X 射线光电子能谱分析来研究基质沥青、改性剂、改性沥青的微观结构、聚集态结构及分布情况,并由此来探讨改性机制及改性剂与基质沥青之间的相互影响和相互作用过程。

4.1　沥青四组分分析

本研究对基质沥青与不同剂量的纳米碳酸钙改性沥青进行了四组分分析试验,用液固色谱将沥青分为四个组分的方法应用极为普遍,这一方法已成为目前通用的沥青分析方法,我国已将此方法标准化,写入现行规范《公路工程沥青及沥青混合料试验规程》。四组分系饱和分(Saturates)、芳香分(Aromatics)、胶质(Resin)和沥青质(Asphaltene),取四个字的字头写成 SARA,所以四组分法又叫作 SARA 法。将沥青试样用正庚烷沉淀出沥青质,过滤后,用正庚烷回流除去沉淀中夹杂的可溶分,再用甲苯回流溶解沉淀,得到沥青质。将可溶分的正庚烷溶液(脱沥青质的部分)吸附于氧化铝柱上,用正庚烷洗释得到的组分为饱和分,再用甲苯洗释得到的组分为芳香分,最后用甲苯-乙醇洗释得到的组分为胶质。对某些沥青质含量很少的沥青,亦可不脱去沥青质,直接吸附氧化铝柱上冲洗各组分,用差的减法计算。

另外,沥青质含量的增加会使针入度减小,尤其明显的是延度迅速降低,同时使其黏度增高,而高温下黏度增加的幅度更大。试验中温度为 15 ℃时,针入度呈现下降趋势;25 ℃、30 ℃的针入度由于纳米碳酸钙的作用而呈现上升趋势。10 ℃时,改性沥青的延度随沥青质的含量增大而降低。改性剂纳米碳酸钙的加入,使改性沥青 10 ℃时的延度产生较大幅度的降低,各剂量的变化幅度基本相同,降低到几乎同一水平上,与剂量的相关性很小。由于无机刚性粒子不会产生大的伸长变形,在大的拉应力作用下,基体和填料会在纳米微粒的界面首先产生界面脱黏,形成空穴,成为应力集中点,沥青被拉成细丝(10 ℃)后更易于断裂,造成测定值变小。这些是由改性剂纳米碳酸钙本身的性质决定的,不同于沥青质含量对沥青性能的影响机制,故基质沥青与改性沥青存在较大变化,不适用上述关系。

因为胶质和沥青质中存在着沥青中绝大部分极性基团,分子间偶极作用强烈,改性剂的加入,使胶质和沥青质的含量增加。根据沥青胶体理论,认为沥青是一种微观不均匀的胶体体系,沥青质处于胶束中心,其表面和内部吸附有可溶剂,胶溶剂中分子量最大芳香性最强的分子质点最靠近胶束中心,其周围又吸附一些芳香性较低的轻质组分。依次类推,逐渐且几乎连续地过渡到胶束间相。即沥青质是分散相,胶质作为胶溶剂,油分为分散介质(胶束间相)。纳米碳酸钙掺入后,使基质沥青的组分产生变化,部分纳米碳酸钙位于胶束中心作为沥青质存在,吸附可溶剂,使沥青质的质量增加,芳香分的质量减小。沥青质的增加必然使沥青的高温稳定性得以提高,这与常规试验中改性沥青的软化点升高的规律也是一致的,与 RTFOT 试验后的质量损失减小也是一致的。

4.2　沥青与纳米碳酸钙改性沥青微观分析

4.2.1　核磁共振(NMR)分析

　　核磁共振(NMR)光谱是用频率为兆赫数量级的、波长很长、能量很低的电磁波照射分子,这种电磁波能与暴露在强磁场中的磁性核相互作用,引起磁性核在外磁场中发生磁能级的共振跃迁而产生吸收信号。这种原子核对射频区电磁波的吸收称为核磁共振光谱。根据核磁共振光谱图上吸收峰的位置、强度和精细结构可以研究分子结构。

　　核磁共振(NMR)的基本原理:在强磁场的作用下,某些具有磁性质的原子核能量可以裂分为 1 个或者 2 个以上的量子能级。如果此时原子核吸收适当频率的电磁辐射,就会发生磁能级的跃迁,如同电子在吸收可见或紫外光后能够发生电子能级的跃迁一样。原子核的磁量子能级之间的能量差很小,频率范围介于 $0.1 \sim 100$ Hz,属于无线电波的范畴,简称射频。由于射频的能量很小,不足以引起分子或原子的振动或转动,但却能使分子中原子核发生自旋,其结果是原子核吸收射频后就改变了自旋的方向。所谓核磁共振,就是研究原子核在吸收射频能后的辐射现象。

4.2.2　X 射线光电子能谱(XPS)分析

　　X 射线光电子能谱基于光电离作用,当一束光子辐射到样品表面时,光子可以被样品中某一元素的原子轨道上的电子所吸收,使得该电子脱离原子核的束缚,以一定的动能从原子内部发射出来,变成自由的光电子,而原子本身则变成一个激发态的离子。在 XPS 分析中,由于采用的 X 射线激发源的能量较高,不仅可以激发出原子轨道中的价电子,还可以激发芯能级上的内层轨道电子,其出射光电子的能量仅与入射光子的能量及原子轨道结合能有关。因此,对于特定的单色激发源和特定的原子轨道,其光电子的能量是特定的。当固定激发源能量时,其光电子的能量仅与元素的种类和所电离激发的原子轨道有关。因此,可以根据光电子的结合能来确定分析物质的元素种类。

4.2.3　红外光谱(IR 法)分析

　　红外光谱法在石油沥青的化学结构分析中是最常使用的方法之一。它在鉴定石油沥青杂原子化合物方面更是具有不可或缺的地位,此外,在确定芳香环的结构、侧链长度及数目等方面也有一定的应用。红外光是指处于可见光与微波之间的电磁波,一般所指的是对有机物测定时使分子产生振动的中红外区(波长为 $2.5 \sim 25$ μm,波数 $4\ 000 \sim 400$ cm),因此中红外光谱也称为分子的振转光谱。

　　不同物质对不同波长的红外辐射吸收程度是不同的,所以形成的红外光谱也不一样。但对于一些官能团,由于它具有特征红外吸收峰,所以可以根据各种物质的红外特征峰的位置、数目,相对强度的形状等参数,推断试样物质中存在哪些基团,并确定其分子结构。

4.2.4 差示扫描量热分析(DSC)

差示扫描量热分析(DSC),是在程序控制温度下测量输入到物质(试样)和参比物的能量差与温度(或时间)关系的一种技术。DSC采取试样与基准物质分别输入能量的方式,并测定为使试样温度与基准物质温度保持一样而提供的能量差值(ΔE)。在实际装置上,施加的能量转变为电阻线的焦耳热提供的电力差(ΔW)和基准物质的温度同时被测定并记录下来。这样,在转变和反应过程中,DSC试样温度一直处于控制之下,因此与DTA相比,它具有精度高、再现性好等优点。DSC的峰面积和转变及反应中需要的全部热量直接成正比。体系中物质如有化学变化或聚集态发生改变,必然伴随有热量的吸收或放出,如DSC图中玻璃化转变、熔融、分解表现为吸热,结晶、氧化表现为放热。物质的聚集状态有固、液、气三种状态,对于试验温度条件($-40 \sim 180$ ℃)下的沥青只有液态和固态两种状态,在试验升温过程中聚集状态的变化主要是由固态(结晶性组分形成的晶体、非结晶性组分的玻璃态)转变为液态。

从物理力学角度来看,沥青随着温度的变化具有玻璃态、橡胶态及黏流态三态,微观上讲这种态的变化是由沥青中具有不同分子量及结构的各部分组成聚集态(沥青存在固、液两态)随温度的变化而引起的。当沥青中的各组分全部处于固态时,则沥青为玻璃态;当各组分(能发生态转化的组分)一般认为是软沥青质全部转化为液态时,沥青处于黏流状态;当沥青中的部分组分为固态、部分组分为液态时,沥青处于橡胶态,即黏弹态。由于不同沥青的组分构成存在着差别,随着温度的变化,不同沥青固、液态转化数量不相同,发生转化的温度范围也不同,因而它们的高、低温性能及感温性能也有差别。除聚集状态的差异外,沥青的分子量也对沥青性能有着较大的影响。分子量大,分子间作用力就强,分子链段产生相对位移或整个分子的运动较难,黏度大,温度敏感性就小;分子量小时,分子链段较多,链的排列疏松,温度变化有利于链的运动,黏度较小,则表现为感温性大。

当沥青的各组分全部处于固态或沥青中的各组分完全转化为液态时,其性质很大程度上由分子量决定,而当沥青组分部分呈固态、部分呈液态时,则由分子量及固、液态数量决定沥青性质。当物质(即使是同一分子量的物质)处于固、液两种不同状态时,其内部分子间的力差别很大,因此在两种不同的状态下物质的物理力学性质是截然不同的。沥青聚集态的变化反映在DSC图上表现为吸(放)热峰的出现。吸(放)热峰的大小反映了发生聚集态转化的数量,反映了沥青中固、液态比例构成,也在一定程度上反映了沥青的塑性大小;而吸(放)热峰的位置反映了聚集态转化发生的温度范围。DSC吸(放)热峰的大小及位置在一定程度上是由沥青的组分构成所决定的。沥青中组分的固、液转化,由于分子间力的差别将会对沥青宏观性质产生较明显的影响,固、液转化数量越多,则这种影响越大,同时,在聚集态发生转变的温度区间,沥青的宏观性质在该温度区间变化明显,如果沥青中组成发生聚集态转化的温度区间正好处于正常使用温度范围,那么这种变化将会对沥青的力学性质造成很大的影响,甚至直接影响使用。一般来说,吸热峰高,说明沥青在该温度区间发生变化的组成数量越多,吸热峰越宽,说明发生变化的组成种类越多。反映在宏观上,其物理性质差别越大。因此,DSC曲线平坦,很少有吸热峰或吸热峰很小,反映出该种沥青的性质较为稳定。

当沥青用作路面材料时,沥青黏结料的热特性对混合料的力学特性产生非常重要的影响。其中,与沥青的低温性能有关的玻璃化转变点的测定尤为重要。玻璃化转变点即为非晶体状高分子化合物在冷却时,在过冷却的过程范围内,比容积与温度直线的弯曲点。同时,在此温度下物质的弹性、膨胀系数、比热容、屈折率等发生急剧变化。即对沥青而言,在软化点以上温度范围内,它仍具有较大的黏性,而在玻璃化转变点以下的温度范围内,则具有又硬又脆的性质。也可认为,玻璃化转变就是高分子链微观布朗运动冻结的一种松弛现象。

4.3　改性机制分析

借鉴纳米材料在其他行业的应用效果,分析纳米碳酸钙对沥青的改性作用机制及相互之间发生的作用和影响。主要分析纳米材料的同步增韧增强效应和纳米复合材料中纳米粒子的聚集态结构两个问题。

4.3.1　纳米材料的同步增韧增强效应

无机材料具有刚性,有机材料具有韧性,无机材料对有机材料的复合改性,会提高有机材料的刚性,但是会降低有机材料的韧性。塑料与橡胶比较而言,塑料具有刚性,橡胶具有韧性,塑料对橡胶复合改性,会提高橡胶的刚性,但是会降低橡胶的韧性;橡胶对塑料的复合改性,在保持橡胶韧性的同时,难以提高塑料的刚性,而纳米材料对有机材料的复合改性,却是在发挥无机材料的增强效果的同时,又能起到增韧效果,这是纳米材料对有机聚合物复全改性最显著的效果之一。纳米微粒在提高复合材料强度的情况下,对增韧机制的解释为:当复合材料受冲击时,填料粒子脱黏,基体产生空洞化损伤,若基体层厚度小于临界基体厚度,则基体层塑性变形大大加强,从而使材料韧性大大提高。另外,由于无机刚性粒子不会产生大的伸长变形,在大的拉应力作用下,基体和填料会在纳米微粒的界面首先产生界面脱黏,形成空穴,成为应力集中点,其局部区域可产生能量屈服现象。应力集中产生屈服和界面脱黏现象都需要消耗更多的能量,这就是无机材料刚性粒子的增韧作用。应用于沥青方面,纳米碳酸钙的添加,一方面保持沥青的韧性,另一方面改善沥青的抗裂性能,承受更大的温度应力。

4.3.2　纳米复合材料中纳米微粒的聚集态结构

纳米微粒的聚集态结构是指在纳米微粒在高聚物基体中的分散分布形态,它与纳米微粒的表面性质、基体性能及复合材料的加工工艺和复合方式等因素有关,直接决定着纳米微粒的协同效应。

在高分子基体中,纳米微粒可以是有序分布的,通常指其位置的分布具有长程周期性(一维、二维或三维有序,以及复合多膜有序),而通常状况下纳米微粒在聚合物基体中的分布是无序的。常用几何参数(包括粒径分布、粒间距和拓扑参数等)来描述其结构特性。纳米粒子在基体中的聚集结构对复合材料的性能影响很大,为了获得最佳的功能,就要对粒子的聚集结构通过宏观变量进行调节,宏观变量可以是制备工艺条件,包括温度、时间等,也可以是纳米材料本身的基本参数。从物质的相态来看,纳米复合材料尽管存在着纳米级复合的基础,但它属于多相体系,纳米微粒与聚合物基体之间存在着不同相态的界面,要获得物理稳定和化学元素稳定的纳米复合材料,必须明确认识和有效控制复合材料中的界面,这是纳米复合材料结构表征工作中首先要做的工作。

纳米复合材料的制造方法与制备工艺是多变的,它直接影响到纳米微粒在有机聚合物中的聚集结构。以纳米材料充分地分散在有机聚合物基体中,保持纳米材料的纳米级粒度为开发新的制备方法的前提,借助纳米材料的特别性能,使复合材料中的纳米材料能够像纳米微粒一样发挥小尺寸效应、表面效应,甚至量子效应等。纳米复合材料的制造方法是纳米复合材料开发研究的首要问题。只有成熟的复合材料的制造方法,才能保障获得物理稳定和化学稳定的纳米复合材料,而这些是研究其应用的基础。对于纳米碳酸钙改性沥青,作为一种全新纳米复合材料,其制备方法是影响其使用性能的重要环节,要能使纳米碳酸钙粒子均匀地分布于沥青中并确保不结团,使纳米材料充分发挥其特殊性质。

4.4　本章小结

通过基质沥青(科氏90)与纳米碳酸钙改性沥青(1%、3%、5%及7%)的微观试验分析,可以得出如下结论:

(1)从基质沥青和改性沥青的四组分分析,可以得出沥青质增加,芳香分减少,沥青组分重新分配,沥青的高温稳定性提高,低温抗裂性能受到略微影响。

(2)对纳米碳酸钙改性沥青,改性后沥青组分的变化、基质沥青中的各组分含量与改性后的沥青的性质之间存在着一定的关系。

①沥青质的增加量与改性沥青的软化点之间存在着相关关系,沥青质含量增加,沥青的软化点相应升高。

②沥青质的增加与改性沥青的10 ℃延度之间存在着联系,纳米碳酸钙的掺加,使沥青的10 ℃延度大幅度降低,降低的幅度与掺加量的多少没有直接的线性联系。纳米碳酸钙对沥青的这种影响是掺加后就发生的。

③针入度指数PI是减小的,根据现在的感温性评论,这对沥青的路用性能是有影响的,但是,通过DSC分析表明,最根本的影响在于,30 ℃的针入度的升高,造成了上述的结果,针入度指数理论是否适用于纳米碳酸钙改性沥青还有待于进一步验证。

(3)从核磁共振和红外光谱分析,可以得出纳米碳酸钙改性沥青是一个物理混溶过程,纳米碳酸钙与基质沥青之间并没有发生化学变化生成新的物质或基团,纳米碳酸钙与沥青之间只是一种分子间作用力。但是,由于纳米碳酸钙的极小粒径,使得混溶体系均匀且稳定,适用于生产应用。

(4)通过差示扫描量热分析,发现改性前后DSC曲线有明显变化,聚集态发生变化时所吸收的热量增加,沥青的热稳定性提高。在沥青的使用温度范围内,单位质量上沥青在聚集态发生变化时所吸收的热量增加,也说明了改性沥青的热稳定性提高、路用性能改善。

（5）在改性剂剂量为 3%时，改性沥青的各项性质较为特殊，体现在沥青质与芳香分含量、软化点、PI 指数及红外光谱吸收峰等都出现了不同于剂量增加而变化的规律，是一个特殊的剂量。

（6）改性剂纳米碳酸钙与基质沥青的混溶体系是一个均匀稳定的结构体系，不存在改性剂与沥青的离析问题，这对保证改性沥青的性能起到关键的作用。

（7）改性剂纳米碳酸钙与碱性矿粉掺入基质沥青中是两个根本不同的过程，碱性矿粉由于颗粒大，受热时全部沉入沥青底部，离析明显。

第 5 章　纳米碳酸钙、氧化锌及丁苯橡胶改性沥青最佳组合

为探究三种材料复合在一起对沥青的性能的影响,先对单种材料进行细化研究,寻找每种材料对基质沥青的性能影响,分析并寻找规律,从而为选用复合改性沥青的最佳组合掺比做准备。本章主要根据针入度、软化点和延度来分析其掺入的纳米材料和丁苯橡胶对基质沥青的性能影响。

5.1　改性沥青的制备

沥青制备的方法有很多种,如直接投入法、母体法、机械搅拌法、融混法、共熔法、原位聚合法和高速剪切法,但是改性沥青最常用的是机械搅拌法、共混法、高速剪切法。机械搅拌法通常是制备改性沥青如 EVA、APAO 最简单、快捷的方法,但是由于聚合物改性剂的不同,导致与沥青的相容性是不一样的,所以有时采用机械搅拌法是行不通的。共混法也是一种比较传统的方法,共混形式有机械共混法、溶液共混法、乳液共混法、熔融共混法。但是它也有缺点,其分散效果不好。高速剪切法是比上述两种方法更实用和方便的方法,因其搅拌速度快、剪切力强,可以促进纳米粒子在沥青中的分散。

5.1.1　主要试验仪器

试验研究工作中所用到的主要试验设备及仪器如表 5-1 所示。

表 5-1　主要试验仪器

仪器或设备	型号	厂家
电子天平	JA2003	上海舜宇恒平仪器有限公司
电热鼓风干燥箱	101-2A	北京中兴伟业仪器有限公司
定时电动搅拌器	JJ-1	江苏金坛市中大仪器厂
智能调温电热套	SXKW	北京中兴伟业仪器有限公司
定时电动搅拌器	JJ-1	江苏金坛市中大仪器有限公司
恒温水浴箱	CF-B 型	江苏无锡华南实验仪器有限公司
针入度仪	BH-20 型	无锡市华南实验仪器有限公司制造
延度仪	LQ-MJ	无锡市华南实验仪器有限公司制造
软化点仪	YDM-300	无锡市华南实验仪器有限公司制造
布什旋转黏度仪	—	无锡市华南实验仪器有限公司制造
旋转薄膜烘箱	82 型	无锡市华南实验仪器有限公司制造

5.1.2 改性沥青制备方法

纳米材料在搅拌过程中因材料本身的粒径很小,很容易发生团聚现象,所以本试验采用高速剪切法来制备改性沥青,因为通过高速剪切机快速的搅拌,其剪切力强,可以将改性后的纳米材料充分地分散在基质沥青当中[103]。

对于纳米碳酸钙、纳米氧化锌及 SBR 的改性沥青制备采用了不同的方法,因为不同材料性能不同,决定了在改性的时候需采用不同的制备方法,其试验采用的高速剪切机如图 5-1 所示。

图 5-1 高速剪切机

5.1.2.1 纳米碳酸钙改性沥青的制备方法

将基质沥青放入烘箱中,以 80 ℃的温度加热沥青至全部熔化进行脱水,脱水之后称取一定量的基质沥青放入在高速剪切机的加热底座上,把温度设定为 135 ℃进行加热,加热时间不超过 30 min,在加热过程中用玻璃棒搅拌基质沥青,防止因局部加热导致沥青老化。在搅拌过程中加入所需剂量的纳米碳酸钙,等搅拌到纳米碳酸钙完全融入基质沥青中,改用高速剪切机进行匀速搅拌,转速设定在 3 000~4 000 r/min,连续搅拌 35 min。搅拌完成后,让样品自然冷却,放置 24 h 左右,重新加热至 135 ℃左右,将转速设定在 1 500 r/min,持续搅拌 20 min,制备出改性沥青试样。

5.1.2.2 纳米氧化锌改性沥青的制备方法

前期的操作步骤同 5.1.2.1 一样,在搅拌过程中加入所需剂量的纳米氧化锌,等搅拌到纳米氧化锌完全融入基质沥青中,改用高速剪切机进行匀速搅拌,转速设定在 3 000~4 000 r/min,连续搅拌 35 min。搅拌完成后,把转速调至 1 500 r/min,继续剪切 15 min。低速搅拌的目的是要将沥青在高速搅拌时产生的气泡排出。

5.1.2.3 丁苯橡胶(SBR)改性沥青的制备方法

丁苯橡胶属于高分子聚合物,在与沥青的结合过程中可形成网络结构,从而改善沥青的性能,所以针对这一特点,制备 SBR 改性沥青的工艺如下:

前期的操作步骤同 5.1.2.1 一样,在搅拌过程中加入所需剂量的 SBR,等搅拌到 SBR 完全融入基质沥青中,改用高速剪切机进行匀速搅拌,转速设定在 4 500 r/min,连续剪切搅拌 35 min。搅拌完成后,把转速调至 1 500 r/min,继续剪切搅拌 30 min,使 SBR 在低速剪切搅拌下进一步变细,最后把制得的 SBR 改性沥青溶胀发育待用。

5.1.2.4　复合改性沥青的制备方法

将基质沥青放入烘箱中,以 80 ℃的温度加热沥青至全部熔化进行脱水,脱水之后称取一定量的基质沥青放在高速剪切机的加热底座上,把温度设定为 135 ℃进行加热,加热时间不超过 30 min,在加热过程中用玻璃棒搅拌基质沥青,防止因局部加热导致沥青老化。在搅拌的过程中先加入表面修饰后的纳米氧化锌,当修饰后的纳米氧化锌融入沥青后,将高速剪切机稳定在 4 000 r/min,搅拌 15 min,高速搅拌结束后,将高速剪切机调至低速 1 500 r/min,进行搅拌。这时逐渐加入表面修饰后的纳米碳酸钙,加入完成之后将高速剪切机的转速调至 4 000 r/min,搅拌 15 min,待修饰后纳米碳酸钙完全融入沥青中后,关闭剪切机,让样品自然冷却,放置 24 h 左右。等到第二天,重新加热样品至 135 ℃左右,将转速设定在 1 500 r/min,加入所需剂量的 SBR,等搅拌到 SBR 完全融入沥青中后,将转速设定在 4 500 r/min,连续剪切搅拌 25 min。搅拌完成后,把转速调至 1 500 r/min,继续剪切 10 min,使 SBR 在低速剪切搅拌下进一步变细,最终制得复合改性沥青。

5.2　优选三种纳米碳酸钙掺量

5.2.1　常规性能试验

通过有些学者对纳米碳酸钙在 3%、5%、7%掺量下的研究,通过 DSC 分析得出纳米碳酸钙能够提高沥青的高温性能[42]。也有学者在纳米碳酸钙掺量为 2%、4%、6%、8%下对沥青进行了研究[104]。

综上所述,最终把纳米碳酸钙的掺量确定为 3%、4%、5%、6%、7%。对不同剂量的纳米碳酸钙,按照《公路工程沥青及沥青混合料试验规程》(JTG E20—2011)进行常规性能试验,其研究如图 5-2、图 5-3 所示,试验结果如表 5-2 所示,优选出适合的三种掺量作为正交试验的掺量。

图 5-2　5 组纳米碳酸钙改性沥青

图 5-3　纳米碳酸钙 5 组掺量的质量

表 5-2　纳米碳酸钙改性沥青试验数据

指标		纳米碳酸钙掺量/%					
		0	3	4	5	6	7
针入度(100 g,5 s)/ 0.1 mm	30 ℃	98.0	80.5	73.4	70.7	64.5	61.0
	25 ℃	61.5	55.5	51.3	48.5	45.2	44.6
	15 ℃	22.3	20.2	19.1	18.9	17.8	17.0
延度(5 cm/min)/cm	5 ℃	11.6	11.5	11.2	11.1	10.8	10.7
软化点/℃		46.7	51.5	52.3	52.7	52.9	53.0
针入度指数 PI		-0.481	-0.096	0.077	0.241	0.393	0.400
当量软化点 T_{800}/℃		50.89	53.55	55.17	56.55	58.07	58.26
当量脆点 $T_{1,2}$/℃		-14.73	-16.03	-16.24	-16.63	-16.77	-16.66

5.2.2　试验结果分析

根据表 5-2 的试验结果分别绘制了三大指标及其针入度指数 PI、当量软化点(T_{800})、当量脆点($T_{1,2}$)的变化图,如图 5-4 所示。

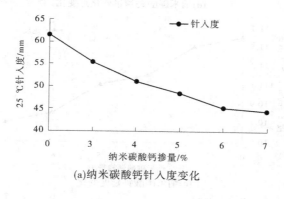

(a)纳米碳酸钙针入度变化

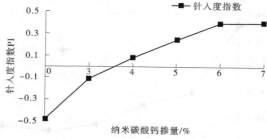

(b)纳米碳酸钙针入度指数变化

图 5-4　纳米碳酸钙试验结果

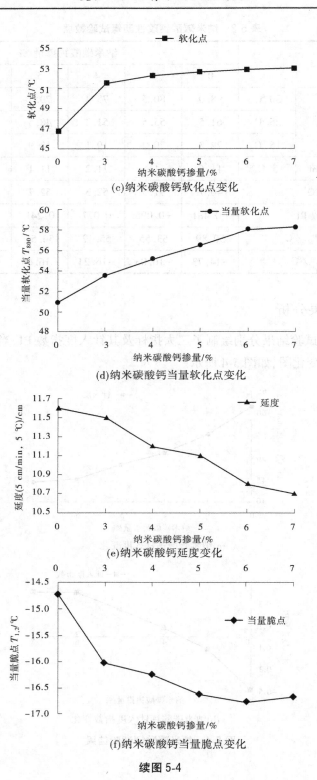

(c)纳米碳酸钙软化点变化

(d)纳米碳酸钙当量软化点变化

(e)纳米碳酸钙延度变化

(f)纳米碳酸钙当量脆点变化

续图 5-4

结合表 5-2 和图 5-4(a)可知,随着纳米碳酸钙掺量的增加,改性沥青的针入度在标准试验温度(25 ℃)条件下相比基质沥青的针入度都要小,当纳米碳酸钙从 3% 掺加到 7% 时,改性沥青针入度下降比例分别为 6.5%、11.7%、15.0%、17.9%、21.0%,因为针入度是评价沥青的稠度,针入度降低,说明沥青的稠度增大。随着纳米碳酸钙掺量的增加,改性沥青的稠度呈现增大的趋势,当掺量增加到 7% 时,其变化趋势趋于平缓。

结合表 5-2 和图 5-4(b)可知,针入度指数在纳米碳酸钙 3%~7% 掺量下得出的结果分别为 -0.132、0.018、0.303、0.446、0.490,针入度指数表示沥青的温度敏感性,随着针入度指数的增加,说明纳米碳酸钙对于改善沥青的温度敏感性有一定影响。

结合表 5-2 和图 5-4(c)可知,当纳米碳酸钙掺量为 3%、4%、5%、6% 和 7% 时,改性沥青相比基质沥青的软化点分别提高了 10.3%、12.0%、12.8%、13.3%、13.5%。特别是在掺量为 4%、5%、6% 时变化量增大,当掺量达到 7% 时,变化趋势基本趋于平缓。不过,这也说明随着纳米碳酸钙掺量的增加,对于改善沥青的高温性能是有明显效果的。

结合表 5-2 和图 5-4(d)可知,随着纳米碳酸钙掺量的增加,改性沥青的当量软化点比基质沥青当量软化点是有显著提高的,并且和软化点的变化曲线走向是一致的。因为当量软化点是评价沥青的高温性能的指标,在纳米碳酸钙掺量为 3%~7% 时,其当量软化点分别为 53.02、54.29、55.98、57.05、57.70,都大于基质沥青的当量软化点,说明纳米碳酸钙对改善沥青的高温性能是有一定影响的。

结合表 5-2 和图 5-4(e)可知,随着纳米碳酸钙掺量的增加,改性沥青的低温性能受到了一定的影响。延度表征的是沥青的延展度,沥青的延度值越大,说明沥青的低温抗裂性能越好,纳米碳酸钙的掺入可能使沥青的结构形式和分子间的作用力发生了改变,导致沥青的延度值变小。而且在试验过程中,有些试件放进延度仪中启动瞬间,就发生了断裂破坏,这属于非常规破坏,正常破坏是试件规定的温度条件下中间部分被拉成均匀细丝,两端呈锥形,说明加入的纳米碳酸钙使沥青内部部分区域出现不均匀点,形成应力集中,从而导致断裂。

结合表 5-2 和图 5-4(f)得出,纳米碳酸钙掺量的不断增加,改性沥青的当量脆点分别为 -16.03、-16.24、-16.63、-16.77、-16.66。当量脆点反映的是沥青的低温性能,所以得出随着纳米碳酸钙掺量的增加,改性沥青的低温性能也有所增加,不过,改性沥青的低温性能改善得不明显。

综上所述,随着纳米碳酸钙掺量的不断增加,改性沥青的针入度降低,针入度指数增大,软化点增大,当量软化点也增大,延度降低,当量脆点降低。由此可知,纳米碳酸钙对于改善沥青的高温性能和温度敏感性比较明显,特别是在纳米碳酸钙掺量为 4%、5%、6% 时改性沥青高温性能的变化量最大,所以选用这三个掺量比例作为正交试验的掺量。

5.3　优选三种纳米氧化锌掺量

5.3.1　常规性能和老化试验

　　纳米氧化锌能够减缓沥青的老化,是由于其老化过程中官能团指数的增加[35]。有些学者通过试验研究得出,纳米氧化锌能够吸收紫外光,能够明显地改善沥青在光、氧等环境作用下的老化现象[105-106]。通过学者的研究,把纳米氧化锌的掺量确定为 3%,这个掺量的氧化锌结合有机蛭石达到了最佳的抗老化效果[13]。有的学者将纳米氧化锌的掺量在 1%、2%、3%、4%、5%、6%、7%下进行各项性能的研究等[64]。

　　综上所述,最终把纳米氧化锌的掺量确定为 1%、2%、3%、4%、5%,对这 5 种掺量进行研究,根据规范《公路工程沥青及沥青混合料试验规程》(JTG E20—2011)中的 T0604、T0605、T0606 和 T0609 进行试验。其试验如图 5-5、图 5-6 所示,试验结果如表 5-3 所示,优选出适合的三种掺量作为正交试验的掺量。

图 5-5　5 组纳米氧化锌改性沥青　　　　　图 5-6　纳米氧化锌 5 组掺量的质量

表 5-3　纳米氧化锌改性沥青试验数据

指标		纳米氧化锌掺量/%					
		0	1	2	3	4	5
针入度(100 g,5 s)/0.1 mm	25 ℃	61.5	47.4	55.9	51.3	54.3	52.8
延度(5 cm/min)/cm	5 ℃	11.6	16.1	13.4	11.5	18.0	14.3
软化点/℃		46.7	52.8	50.0	51.5	50.8	51.2
TFOT 后	质量损失/%	0.327	0.241	0.266	0.194	0.250	0.141

5.3.2　试验结果分析

　　根据表 5-3 的试验结果分别绘制了针入度、软化点、延度及老化后质量损失的变化图,如图 5-7 所示。

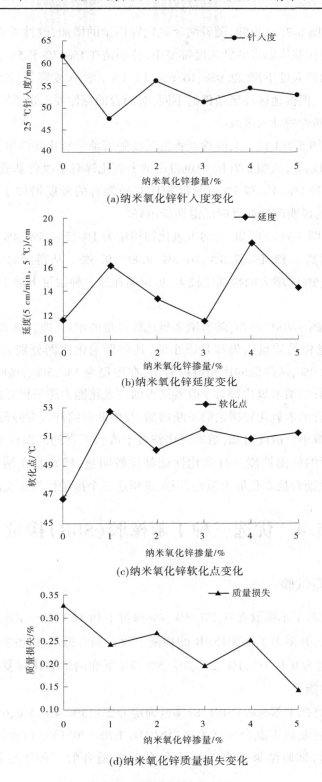

(a)纳米氧化锌针入度变化

(b)纳米氧化锌延度变化

(c)纳米氧化锌软化点变化

(d)纳米氧化锌质量损失变化

图 5-7　纳米氧化锌试验结果

结合表 5-3 和图 5-7(a)可知,随着纳米氧化锌掺量的增加,改性沥青在 25 ℃温度条件下的针入度值要比基质沥青的针入度都要小,特别是在 1%、3% 和 5% 的掺量下,针入度值相比基质沥青的针入度下降 22.9%、16.6%、14.1%。针入度降低,说明沥青的稠度增大,其黏性也增大。根据地区环境条件的不同,对沥青的黏性要求也不同。纳米氧化锌的加入,可以使基质沥青的针入度减小。

结合表 5-3 和图 5-7(b)可知,改性沥青的延度随着纳米氧化锌掺量的不同,出现先减小后增加又减小的趋势,从图 5-7(b)中也得出纳米氧化锌对于改善基质沥青的低温性能比较明显,在掺量为 1%、4% 和 5% 时延度相比基质沥青的延度增加了 38.8%、55.1%、23.3%。延度越大,说明改性沥青的低温性能越好。

结合表 5-3 和图 5-7(c)可知,当纳米氧化锌掺量为 1%、2%、3%、4% 和 5% 时,改性沥青的软化点分别提高了 13.1%、7.0%、10.3%、8.8%、9.6%。从得出的结果中可以看出,在掺量为 1%、3%、5% 时增大的幅度比较大,也说明在这三种掺量下对于改善基质沥青的高温性能比较好。

结合表 5-3 和图 5-7(d)可知,随着纳米氧化锌掺量的增加,改性沥青老化后的质量损失相比基质沥青老化的质量损失都是减小的,其降低老化比例分别为 26.3%、18.7%、40.7%、23.5%、56.9%,从降低的比例可以看出,在掺量为 1%、3%、5% 时,降低的比例是最大的,因此可以看出纳米氧化锌对于改善沥青的抗老化能力还是很好的。

综上所述,随着纳米氧化锌掺量的不断增加,改性沥青的针入度降低,延度增大,软化点增大,质量损失减小。由此可知,纳米氧化锌对于改善沥青的高温性能不是特别明显,但是对于改善沥青的低温性能及抗老化性能都比较明显,特别是在纳米氧化锌掺量为 1%、3%、5% 时改性沥青抗老化能力最好,因此选用这三个掺量作为正交试验的掺量。

5.4　优选三种丁苯橡胶(SBR)掺量

5.4.1　常规性能试验

有些学者通过对丁苯橡胶在 0、2%、3%、4% 掺量下和 TLA 按一定比例掺量下加在基质沥青中进行研究,并得出了在 3%SBR 的掺量下改善沥青低温性能的效果最佳[17]。也有学者在 SBR 掺量为 0、0.5%、1%、2%、3%、5%、7% 下和纳米氧化锌复合在一起研究了改性沥青的各项性能[107]。

综上所述,最终把丁苯橡胶(SBR)的掺量确定为 2%、3%、4%、5%、6%,对这 5 种掺量按照《公路工程沥青及沥青混合料试验规程》(JTG E20—2011)进行常规性能的试验,如图 5-8、图 5-9 所示,试验结果如表 5-4 所示,优选出适合的三种掺量作为正交试验的掺量。

图 5-8　5 组丁苯橡胶改性沥青

图 5-9　丁苯橡胶 5 组掺量的质量

表 5-4　丁苯橡胶改性沥青试验数据

指标		丁苯橡胶 SBR 掺量/%					
		0	2	3	4	5	6
针入度(100 g,5 s)/ 0.1 mm	30 ℃	98.0	89.0	78.2	70.2	64.4	57.1
	25 ℃	61.5	51.5	49.9	48.4	47.9	46.1
	15 ℃	22.3	21.9	20.7	19.6	18.8	17.2
延度(5 cm/min)/cm	5 ℃	11.6	15.4	22.9	25.3	28.9	29.5
软化点/℃		46.7	50.2	50.5	50.8	50.6	51.6
针入度指数 PI		-0.481	-0.017	0.266	0.478	0.646	0.735
当量软化点 T_{800}/℃		50.89	54.71	56.34	57.69	58.63	59.53
当量脆点 $T_{1,2}$/℃		-14.73	-15.71	-17.11	-18.08	-19.04	-19.14

5.4.2　试验结果分析

根据表 5-4 的试验结果分别绘制了三大指标及其针入度指数 PI、当量软化点(T_{800})、当量脆点($T_{1,2}$)的变化图,如图 5-10 所示。

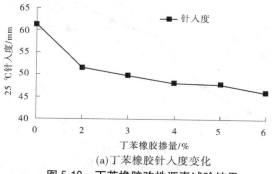

(a)丁苯橡胶针入度变化

图 5-10　丁苯橡胶改性沥青试验结果

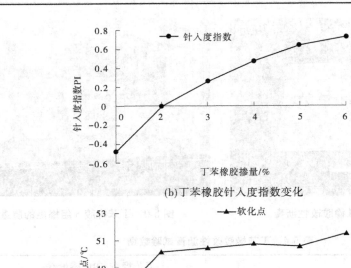

(b)丁苯橡胶针入度指数变化

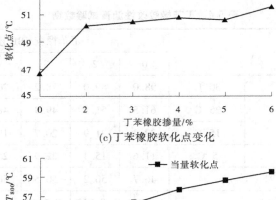

(c)丁苯橡胶软化点变化

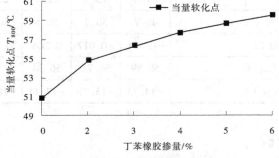

(d)丁苯橡胶当量软化点变化

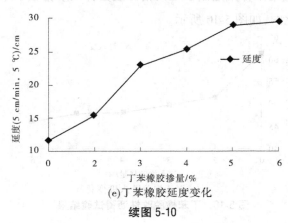

(e)丁苯橡胶延度变化

续图 5-10

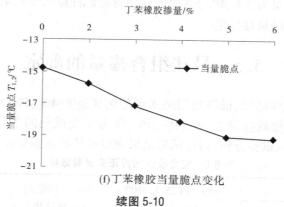

(f)丁苯橡胶当量脆点变化

续图 5-10

结合表 5-4 和图 5-10(a)的结果得出,随着丁苯橡胶掺量从 2%增大到 6%,改性沥青的针入度也在不同的温度条件下逐渐减小,这表明改性沥青的稠度比基质沥青的稠度越来越大,改性沥青的黏性也逐渐增大。

结合表 5-4 和图 5-10(b)的结果得出,丁苯橡胶改性后的沥青针入度指数 PI 都有所增大,但是总体是在$-1 \sim +1$,还是属于凝胶型沥青,有利于沥青面层的修筑。丁苯橡胶掺量从 2%增加到 6%,沥青针入度指数 PI 由-0.481增大到 0.735,说明了沥青温度敏感性变小,温度稳定性也越好,改性沥青受温度变化的影响也减小。

结合表 5-4 和图 5-10(c)可知,当丁苯橡胶掺量为 2%、3%、4%、5%和 6%时,改性沥青的软化点分别提高了 7.5%、8.1%、8.8%、8.4%、10.5%。从结果可以看出,随着丁苯橡胶掺量的增加,对于改善沥青的高温性能曲线基本趋于平缓,从而得出了丁苯橡胶加入沥青中能够适当地提高基质沥青的高温性能,但是改善效果不明显。

结合表 3-4 和图 5-10(d)可知,随着丁苯橡胶掺量的增加,改性沥青的当量软化点T_{800}相比基质沥青的当量软化点T_{800}提高得不明显,其分别提高了 7.5%、10.7%、13.4%、15.2%、17.0%,与软化点的变化曲线走向基本是一致的。

结合表 5-4 试验结果和图 5-10(e)可知,随着丁苯橡胶掺量的增加,改性沥青的低温性能较基质沥青的低温性能改善得特别明显。丁苯橡胶掺量为 2%、3%、4%、5%和 6%时,改性沥青的延度分别提高了 32.8%、94.8%、118.1%、149.1%、154.3%。但是当掺量为 6%时,改性沥青的延度变化量比较小。总体来说,丁苯橡胶对于改善沥青的低温性能效果相当好。

结合表 5-4 试验结果和图 5-10(f)可知,改性沥青的当量脆点$T_{1,2}$随着丁苯橡胶掺量的增加而逐渐减小。丁苯橡胶掺量为 2%、3%、4%、5%和 6%时,改性沥青的低温性能分别提高了 6.7%、16.2%、22.7%、29.3%、30.0%。结合改性沥青的延度结果可以得出,丁苯橡胶加入沥青中,对于改善沥青的低温性能要比纳米碳酸钙和纳米氧化锌的效果都要好。

综上所述,随着丁苯橡胶掺量的不断增加,改性沥青的针入度降低,针入度指数 PI 增大,软化点增大,当量软化点增大,延度降低,当量脆点降低。由此可知,丁苯橡胶对于改善沥青的高温性能有一定程度的提高,但总体上对于提高沥青的低温性能效果是最好的,特别是在丁苯橡胶掺量为 3%、4%、5% 时改性沥青低温性能的变化量最大,最终选用这三个掺量作为正交试验的最佳掺量。

5.5　最佳组合掺量的确定

通过前三节的试验结果,最终选用纳米碳酸钙掺量为 4%、5%、6%,纳米氧化锌掺量为 1%、3%、5%,丁苯橡胶掺量为 3%、4%、5%,作为正交试验的最佳掺量进行针入度试验、延度试验和软化点试验分析,通过试验结果确定最佳的试验掺比,如表 5-5 所示。

表 5-5　复合改性沥青正交试验数据

序号	掺量/%			针入度(25 ℃,100 g,5 s)/0.1 mm	软化点(环球法)/℃	延度(5 cm/min,5 ℃)/cm
	CaCO$_3$	ZnO	SBR			
1	4	1	3	44.0	52.3	14.1
2	4	3	4	49.3	54.5	14.3
3	4	5	5	43.6	53.0	13.9
4	5	1	4	50.4	52.3	14.8
5	5	3	5	49.5	52.5	13.2
6	5	5	3	43.3	53.3	14.4
7	6	1	5	45.4	52.1	13.2
8	6	3	3	52.8	52.6	13.7
9	6	5	4	43.9	52.1	14.1

根据表 5-5 的正交试验结果,从针入度的影响因素、软化点的影响因素及延度的影响因素三个方面对表 5-6 的极差数据进行分析,极差分析法是正交试验常用的分析方法之一,因为它具有直观、简单易懂等特点而被广泛使用。

表 5-6　正交试验极差 R 计算结果

指标		CaCO$_3$	ZnO	SBR
针入度(25 ℃,100 g,5 s)/0.1 mm	K_1	136.9	139.8	140.1
	K_2	143.2	151.6	143.9
	K_3	142.1	130.8	132.3
	k_1	45.6	49.6	46.7
	k_2	47.7	51.5	47.9
	k_3	47.4	43.6	44.1
	极差 R	2.1	7.9	3.8
	优化方案	4%	5%	5%

续表 5-6

指标		CaCO$_3$	ZnO	SBR
软化点 （环球法）/℃	K_1	159.8	156.7	158.2
	K_2	158.1	159.6	158.9
	K_3	156.8	158.4	157.6
	k_1	53.3	52.3	52.7
	k_2	52.7	53.2	53.0
	k_3	52.3	52.8	52.5
	极差 R	1.0	0.9	0.5
	优化方案	4%	3%	4%
延度 （5 cm/min,5 ℃）/cm	K_1	42.3	42.1	42.2
	K_2	42.4	41.2	43.2
	K_3	41.0	42.4	40.3
	k_1	14.1	14.0	14.1
	k_2	14.1	13.7	14.4
	k_3	13.6	14.1	13.4
	极差 R	0.5	0.4	1.0
	优化方案	5%	5%	4%

注：K 值表示每个因素下各个水平的试验结果总值；k 值表示总值的平均值,大小反映因素对试验指标影响的程度。

（1）针入度影响因素分析。由表 5-6 分析结果可知,纳米碳酸钙和纳米氧化锌及丁苯橡胶对于复合改性沥青的针入度都有影响,但是纳米氧化锌的影响是最大的,极差值 R 为 7.9,其次是丁苯橡胶和纳米碳酸钙,极差值 R 为 3.8 和 2.1。纳米氧化锌的最优水平是 5%,纳米碳酸钙和丁苯橡胶的最优水平为 4% 和 5%。因此,根据针入度指标得到的最佳优化方案是：4% 纳米碳酸钙+5% 纳米氧化锌+5% 丁苯橡胶。

（2）软化点影响因素分析。由表 5-6 分析结果可知,纳米碳酸钙对软化点的影响是最大的,其极差值 R 为 1.0,其次是纳米氧化锌和丁苯橡胶,极差值 R 分别为 0.9 和 0.5。纳米碳酸钙的最优水平为 4%,纳米氧化锌和丁苯橡胶的最优水平为 3% 和 4%。因此,根据软化点指标得到的最佳优化方案是：4% 纳米碳酸钙+3% 纳米氧化锌+4% 丁苯橡胶。

（3）延度影响因素分析。由表 5-6 分析结果可知,丁苯橡胶对延度的影响是最大的,它的极差值 R 为 1.0,其次是纳米碳酸钙和纳米氧化锌,极差值 R 分别为 0.5 和 0.4。丁苯橡胶的最优水平为 4%,纳米碳酸钙和纳米氧化锌的最优水平为 5% 和 5%。因此,根据延度指标得到的最佳优化方案是：5% 纳米碳酸钙+5% 纳米氧化锌+4% 丁苯橡胶。

从三个方面的分析得出最终的掺比方案为：

方案一,4% 纳米碳酸钙+5% 纳米氧化锌+5% 丁苯橡胶；

方案二,4% 纳米碳酸钙+3% 纳米氧化锌+4% 丁苯橡胶；

方案三,5%纳米碳酸钙+5%纳米氧化锌+4%丁苯橡胶。

根据综合平衡法和经济性,在三个方案中得出纳米碳酸钙在方案一针入度中的最优水平都是4%,在方案二软化点中的最优水平也是4%。而纳米碳酸钙主要是对沥青的高温性能影响最大,所以综合考虑后确定纳米碳酸钙的掺量为4%。同样,纳米氧化锌在方案一和方案三中的最优水平都是5%,结合对纳米氧化锌做的抗老化试验结果可以看出,5%时沥青的抗老化能力是最好的,因此综合考虑后确定纳米氧化锌的掺量为5%。丁苯橡胶在方案二和方案三中的最优水平是4%,而丁苯橡胶改善沥青的低温性能效果是最好,所以确定丁苯橡胶的掺量为4%。因此,最终确定的最佳组合掺量为:4%纳米碳酸钙+5%纳米氧化锌+4%丁苯橡胶。

对最佳组合的复合改性沥青进行三大指标试验,其结果如表5-7所示。

表5-7　基质沥青和复合改性沥青的基本性能指标

试验项目	针入度 (25 ℃,100 g,5 s)/0.1 mm	延度(5 cm/min,5 ℃)/cm	软化点(环球法)/℃
基质沥青	61.5	11.6	46.7
改性沥青	50.3	25.9	53.0

从表5-7可以得出,复合改性沥青的针入度比基质沥青针入度降低18.2%、软化点比基质沥青提高13.5%、延度比基质沥青提高123.3%,说明三种材料的加入能够有效地改善沥青性能且满足公路沥青路面施工技术规范要求。

5.6　本章小结

(1)根据材料的不同采取了不同制备改性沥青及复合改性沥青的方法,这样能够让材料在沥青中分散均匀,为其充分发挥材料的性能奠定了基础。

(2)通过对纳米碳酸钙改性沥青进行了常规性能试验,确定了纳米碳酸钙的三个掺量为4%、5%、6%。

(3)通过对纳米氧化锌改性沥青进行三大指标试验和薄膜旋转老化试验,确定了纳米氧化锌的三个掺量为1%、3%、5%。

(4)通过对丁苯橡胶改性沥青进行常规性能试验,确定了丁苯橡胶的三个掺量为3%、4%、5%。

(5)通过正交试验,确定了复合改性沥青的最佳掺量为4%纳米碳酸钙+5%纳米氧化锌+4%丁苯橡胶。该试验为复合改性沥青的路用性能研究确定了方向。

第 6 章　老化对多尺度纳米材料改性沥青物理流变性能的影响

沥青在整个使用服役期中,不仅受到由温度、氧气等因素引起的热氧老化,同时受到紫外辐射主导的光氧老化。而大多数研究人员仅针对其中热氧老化或光氧老化问题进行单独求解,而事实上老化是多因素综合作用导致的结果,从仅单一解决沥青热氧老化或光氧老化的角度难以使沥青耐老化性能提升到最优状态。根据以往的研究,层状纳米硅酸盐通过形成夹层结构阻碍氧分子进入沥青内部,从而提高其耐热氧老化性能,而无机纳米粒子能屏蔽紫外辐射,所以能显著改善沥青的光氧老化性能。本章将表面修饰的无机纳米粒子与有机蛭石进行复配制成多尺度纳米材料,用于同时改善沥青的耐热氧老化与耐光氧老化性能。

无机纳米粒子选用经表面修饰后的 Nano-ZnO、Nano-TiO$_2$ 和 Nano-SiO$_2$,与有机蛭石按照固定比例(1%OEVMT+3%无机纳米粒子)复配,固定比例已由不同掺量试验证明为最优配合比,在热氧、光氧老化性能改善上具有明显优势。本章通过室内老化试验模拟短期、长期热氧老化以及光氧老化过程,并采用软化点、针入度、延度、布氏黏度与 DSR 试验对沥青改性、老化前后的物理、流变性能进行研究。

6.1　试验部分

6.1.1　试验材料

试验中使用的原材料为湖南长沙云中科技有限公司提供的 70# 基质沥青,膨胀蛭石(EVMT)由石家镇金利矿业有限公司提供,通过十六烷基三甲基溴化铵(CTAB)作为有机插层剂,制备有机膨胀蛭石(OEVMT)。Nano-ZnO、Nano-TiO$_2$ 和 Nano-SiO$_2$ 平均粒径 20 nm,均由舟山明日纳米材料有限公司提供。并采用 c-(2,3-环氧丙氧基)丙基三甲氧基硅烷对其进行表面改性。

在室温条件下,不同多尺度纳米材料(未添加、Nano-SiO$_2$+1%OEVMT、Nano-ZnO+1%OEVMT、Nano-TiO$_2$+1%OEVMT 共 4 种)和不同老化方法[未老化(Unaged)、TFOT、PAV 和 UV 共 4 种]相结合,共得到 16 种沥青样品。为方便称呼,采用以下命名方式:3%Nano-ZnO +1%OEVMT 改性沥青经 TFOT 老化后的样品命名为 ZnO-TFOT,同样,3%Nano-TiO$_2$+1%OEVMT 改性沥青经 PAV 老化后的沥青命名为 TiO$_2$-PAV。

6.1.2　试验仪器

本章试验仪器如表 6-1 所示。

表 6-1　试验仪器

仪器名称	仪器型号	生产单位
电热鼓风恒温干燥箱	101-2 型	富利达试验仪器厂
增力电动搅拌器	DJ1C	金坛市大地自动化仪器厂
智能恒温控温仪	ZNHW-Ⅳ型	河南爱博特科技发展有限公司
循环水式真空泵	SHZ-D(Ⅲ)	巩义市予华仪器有限责任公司
高剪切乳化机	BME100L	上海威宇机电设备有限公司
沥青延度试验器	SYD-4508G	
针入度试验器	SYD-2801F	海昌吉地质仪器有限公司
全自动沥青软化点试验器	SYD-2806E	
布氏旋转黏度计	DV2T	美国 Brookfield 公司
沥青薄膜烘箱	SYD-3061(85 型)	无锡市华南实验仪有限公司
沥青压力老化仪	82 型	美国 Prentex 公司
紫外老化箱	PAV9500	实验室自制
动态剪切流变仪	SmartPave101	奥地利 AntonPaar 公司

6.1.3　多尺度纳米材料改性沥青的制备

沥青改性前,需要对蛭石和无机纳米粒子进行处理,得到有机蛭石与表面经过修饰的无机纳米粒子。在改性剂制备完成后,将沥青加热至熔融状态,倒入搅拌器并保持温度在 (150±5)℃范围内,加入沥青质量 1%的 OEVMT 和 3%的无机纳米材料(Nano-ZnO、Nano-SiO$_2$ 和 Nano-TiO$_2$),通过高速乳化剪切机在 4 000 r/min 转速下剪切 1 h,再利用普通搅拌器以 2 000 r/min 的速度搅拌 1.5 h 制得改性沥青。未改性沥青也需要经历上述过程,形成空白对照样。

6.1.4　沥青物理流变性能试验方法

6.1.4.1　物理试验方法

通过测试沥青样品的针入度(25 ℃)、延度(15 ℃)、软化点和布氏黏度(135 ℃)表征沥青物理性能。布氏旋转黏度仪可以确定沥青材料的流变特性,将试验所用的转子浸入规定温度下盛沥青试样的容器中,测定维持其标准旋转速度所需的扭矩。试验过程中,需要根据不同的测试温度选择合适的转子规格,合理的布氏黏度值保证了沥青热拌过程中泵送等操作顺利进行。

6.1.4.2　流变试验方法

采用 DSR 对沥青进行温度扫描,表征其流变性能。将循环应力作用于沥青试样,试验设置参数如下:底座直径 25 mm,样品厚度为 1 mm,扫描角频率设定为 10 rad/s,温度范围为 30~90 ℃,扫描速率为 2 次/min,持续时间为 30 min。

6.1.5　沥青老化试验方法

采用薄膜烘箱老化(TFOT)与压力老化箱老化(PAV)试验,分为短期热氧老化与长期热氧老化。其中 TFOT 试验条件为:(163 ± 1)℃ , 5 h,转盘由专设的机械装置以 5.5 r/min 的速度转动。PAV 试验条件为 100 ℃ , 2.1 MPa 压力下老化 20 h,然后减压除去样品中的气泡。UV 试验步骤是:将经 TFOT 老化后的沥青放在(60 ± 5)℃的紫外光老化箱中老化 6 d,紫外辐射强度为 8 W/m^2。

6.2　结果讨论

6.2.1　改性沥青物理性能老化规律

6.2.1.1　多尺度纳米材料对基质沥青物理性能的影响

测定多尺度纳米材料对三大指标和布氏黏度的影响,相比 70# 沥青,SiO_2、ZnO、TiO_2 改性沥青的软化点分别增加 1.3 ℃、4.7 ℃、10.8 ℃,说明多尺度纳米材料均在一定程度上增加了沥青的高温稳定性,其中 ZnO 改善效果最明显。

多尺度纳米材料对 70# 沥青针入度影响如下:加入多尺度纳米材料后,三种改性沥青针入度均下降,其中 ZnO 下降 6.9 nm,降低量大于 SiO_2、TiO_2,说明加入多尺度纳米材料后改性沥青稠度变差。不同多尺度纳米材料对 70# 沥青 15 ℃延度的影响,70# 沥青改性前延度大于 150 cm,而改性后延度急剧下降,下降幅度 ZnO>SiO_2>TiO_2,说明多尺度纳米材料的加入导致沥青的延展性降低。多尺度纳米材料对 70# 沥青布氏黏度的影响如下:SiO_2、ZnO、TiO_2 改性沥青黏度增加值分别为 105 mPa·s、92.5 mPa·s 和 42.5 mPa·s,SiO_2 改性沥青黏度增加最多。

综上所述,相比 70# 沥青,加入多尺度纳米材料改性后,均呈现软化点上升、延度与针入度下降的趋势,表明多尺度纳米材料提高了沥青的高温稳定性能并降低了沥青的延展性。

6.2.1.2　老化对多尺度纳米材料改性沥青物理性能的影响

TFOT 老化对不同改性沥青物理性能的影响,体现在 TFOT 老化前后软化点的变化,相比 70# 沥青,改性沥青软化点增量均降低,软化点增量排序为:70#>SiO_2>TiO_2>ZnO。TFOT 老化后改性沥青的残留针入度均增加,增加幅度 ZnO>TiO_2>SiO_2>70#,其中 ZnO 改性沥青比 70# 沥青增加 15.7%。三种改性沥青均比 70# 沥青有大幅提高,延度保留率大小排序为:SiO_2>ZnO>TiO_2>70#,SiO_2 比 70# 具有 243.6%的增幅,改性沥青延度保留率的变化十分明显,主要是因为加入多尺度纳米材料后延度有大幅下降,故导致延度保留率的分母远小于 70# 沥青。沥青黏度老化指数大小 70#>SiO_2>TiO_2>ZnO,多尺度纳米材料的加入均使黏度老化指数降低,ZnO 降幅为 40.4%。

综上所述,说明三种多尺度纳米材料的加入有效改善了沥青耐短期热氧老化性能,这可能是 OEVMT 起到了作用,在沥青中与沥青分子形成夹层剥离结构,减缓了氧分子的进入,从三种改性沥青结果差异来看,纳米粒子也起到了一部分作用。从软化点增量、残留针入度与黏度老化指数结果来看,ZnO+OEVMT 对沥青耐短期老化性能改善效果最好,而延度保留率指标体现 SiO₂+OEVMT 改善效果更好。

6.2.1.3　不同多尺度纳米材料改性沥青 PAV 老化后物理性能变化

在长期老化后,软化点增量大小排序为:$70^\#$>SiO_2>TiO_2>ZnO,SiO_2 与 $70^\#$ 相差小,ZnO 降低效果明显,降幅 22.3%。不同改性沥青残留针入度相比 $70^\#$ 均增加,增加幅度 ZnO>TiO_2>SiO_2>$70^\#$,其中 ZnO 改性沥青比 $70^\#$ 沥青增加 36.6%。多尺度纳米材料改性沥青的延度保留率均比 $70^\#$ 沥青高,延度保留率大小排序为:ZnO>SiO_2>TiO_2>$70^\#$,其中 ZnO 比 $70^\#$ 沥青增加 312.8%。沥青黏度老化指数大小排序为:$70^\#$>TiO_2>SiO_2>ZnO,多尺度纳米材料的加入均使得黏度老化指数降低,ZnO 降幅为 27.5%。从物理指标来看,PAV 老化后,三种多尺度纳米材料均能改善沥青的耐老化性能。其中,四个老化指标都显示 ZnO+OEVMT 复配改性效果最好。

6.2.1.4　改性沥青 UV 老化后三大指标与黏度变化

多尺度纳米材料的加入均降低了沥青的软化点增量,其增量排序为:$70^\#$>SiO_2>ZnO>TiO_2,TiO_2 在 UV 老化后软化点增量比 $70^\#$ 沥青低 3.4 ℃。不同改性沥青残留针入度相比 $70^\#$ 沥青均增加,增加幅度 ZnO>TiO_2>SiO_2>$70^\#$,其中 ZnO 改性沥青比 $70^\#$ 沥青增加 29.4%。多尺度纳米材料改性沥青的延度保留率均有大幅提升,其大小排序为:SiO_2>ZnO>TiO_2>$70^\#$,其中 SiO_2 比 $70^\#$ 沥青高出 255.1%。加入多尺度纳米材料均能降低沥青的黏度老化指数增量,SiO_2、TiO_2、ZnO 降低幅度分别为 32.5%、36.4%、39.7%,三种多尺度纳米材料效果明显且相差不大。综上,三种多尺度纳米材料均提升了沥青的耐光氧老化性能,软化点增量、黏度老化指数结果为 TiO_2+OEVMT 改善效果最好,残留针入度、延度保留率则显示最优多尺度纳米材料分别是 ZnO+OEVMT、SiO_2+OEVMT。

6.2.2　改性沥青流变性能老化规律

6.2.2.1　多尺度纳米材料对基质沥青流变性能的影响

通过 DSR 试验研究多尺度纳米材料对沥青流变性能的影响。测试指标包括复合模量 G^*、相位角 δ 和车辙因子 $G^*/\sin\delta$。其中,G^* 反映了沥青抵抗剪切变形性能。相位角 δ 可对沥青的黏性、弹性占比进行表征,相位角值越高,黏性成分越大。改性后沥青复数模量上升,上升幅度 TiO_2>SiO_2>ZnO,而 ZnO 与 $70^\#$ 沥青差别不大。TiO_2 显著提高了沥青的复数模量,改善了沥青抵抗变形能力。相比 $70^\#$ 沥青,改性沥青相位角变化呈不同趋势,TiO_2 改性沥青相位角下降,说明沥青弹性成分增加而黏性下降,而 ZnO 与 TiO_2 呈相反的趋势。SiO_2 在 30~35 ℃时低于 $70^\#$ 沥青,在 35~90 ℃时高于 $70^\#$ 沥青。

车辙因子($G^*/\sin\delta$)是评价沥青材料抗变形能力的指标,车辙因子越大,沥青抗车辙能力越好。与 $70^\#$ 沥青相比,TiO_2 改性沥青车辙因子明显增高,SiO_2 改性沥青车辙因子增加值低于 TiO_2,ZnO 与 $70^\#$ 车辙因子相似,说明从流变性能的角度,TiO_2 对沥青的改性最明显,显著提高沥青抗车辙能力,而 SiO_2 次之,ZnO 最弱。

6.2.2.2 老化对多尺度纳米材料改性沥青流变性能的影响

相比 70# 沥青,三种不同多尺度纳米材料改性沥青复数模量老化指数均有大幅降低,在 30~46 ℃时,TiO_2 的改性效果最好,ZnO 次之,而在 46~90 ℃时,ZnO 的改性效果最好,TiO_2 次之。相位角老化指数大小排序为:$ZnO>TiO_2>SiO_2>70#$,SiO_2 改性效果最差。

PAV 老化对多尺度纳米材料改性沥青流变性能,复数模量老化指数分布具有规律,在 30~90 ℃全范围内,$70#>ZnO>SiO_2>TiO_2$,而从相位角老化指数来看,三种改性沥青均大于 70# 沥青,其中 TiO_2 最高,ZnO 与 SiO_2 相差不大。综上,TiO_2 具有较低的复数模量老化指数和较高的相位角老化指数,说明其对沥青长期热氧老化的改善最明显。复数模量老化指数在 30~90 ℃全范围内,$SiO_2>70#$,在 30~36 ℃时,ZnO 改性沥青耐光氧老化性能优于 TiO_2,而在 36~90 ℃时相反。从相位角老化指数来看,大小排序为:$ZnO>TiO_2>70#>SiO_2$。综上,TiO_2 与 ZnO 改善效果显著,而 SiO_2 改性沥青相比 70# 沥青具有较高的复数模量老化指数和较低的相位角老化指数,说明其对沥青材料的耐光氧老化性能带来了不利的影响。

6.3 本章小结

本章将 OEVMT 和表面修饰的无机纳米粒子组成多尺度纳米材料用于沥青耐老化性能的改善,并从物理、流变的角度对改性沥青的改性过程与老化性能进行了研究,对比分析改性沥青 TFOT、PAV、UV 老化前后的性能变化,主要结论如下:

(1)相比 70# 沥青,添加多尺度纳米材料后三种改性沥青均呈现软化点、复数模量上升,延度、针入度与相位角下降的现象,表明多尺度纳米材料提高了沥青的高温稳定性,但不利于沥青的低温抗裂性。TiO_2 改性沥青的车辙因子最大,说明 TiO_2+OEVMT 复配显著提高了沥青抗车辙能力,SiO_2 次之,ZnO 最小。

(2)多尺度纳米材料改性沥青在 TFOT 老化后软化点增量、黏度老化指数与复数模量老化指数显著降低,残留针入度、延度保留率以及相位角老化指数升高。表明不同多尺度纳米材料均可改善沥青的耐短期热氧老化性能。除延度保留率指标体现 SiO_2 改善效果更好外,其余老化指标均显示 ZnO 改性沥青有最优的耐短期热氧老化性能。

(3)对比 PAV 老化后的物理流变指标,三种多尺度纳米材料均能改善沥青的耐老化性能,其中四个物理性能指标都显示 ZnO 多尺度纳米材料效果最好,而流变指标表明 TiO_2 改性沥青长期热氧老化的改善最明显。

(4)UV 老化后,物理试验均显示多尺度纳米材料提升了沥青的耐光氧老化性能,但流变试验表明 SiO_2+OEVMT 不利于沥青耐光氧老化性能的提升。

第 7 章　老化对多尺度纳米材料改性沥青微观结构的影响

目前,对沥青性能的研究主要是通过常规物理流变试验进行的,而在微观以及纳米层面对沥青性能的认识不足。因此,近几十年来,研究人员对沥青微观表面的特性表现出了极大的兴趣,为了更好地理解沥青材料在微观尺度下的化学成分、微观结构和力学性能之间的关系,本章以 AFM 为研究手段,基于测试得到的形貌图、粗糙度、微观黏附力和 DMT 模量探究多尺度纳米材料在老化过程中微观结构和力学性能的变化规律。

7.1　试验部分

7.1.1　AFM 工作原理

AFM 通过检测探针与待测物质原子间作用力产生的悬臂微弹性形变,并将微形变转化后的电信号放大,进而得到材料的微观图像和力学参数等信息。当距离较远时表现为引力,而距离较近时表现为斥力,AFM 通过原子间力的关系呈现待测样品表面物理特征。

7.1.2　AFM 工作模式

将 AFM 工作模式分为接触模式(contact mode)、轻敲模式(tapping mode) 和非接触模式(non-contact mode)三类,在沥青试验中常用的为轻敲模式,该模式通过使用处于振动状态的探针针尖对样品表面进行敲击来生成形貌图像。在扫描过程中,探针悬臂的振幅随样品表面形貌起伏而变化,该模式反馈的物理量为悬臂振幅。轻敲模式的优点是消除了横向力对样品的作用,并且不受常见成像环境下样品表面黏附水膜的影响;缺点是与接触模式相比,扫描速度慢,因为要控制悬臂的变化,所以反馈更难调节,不能直接控制样品和针尖的作用力。

由于早期技术的限制,大部分的表面形貌是通过轻敲模式获得的,但通过接触模式获得力曲线数据十分复杂。近年来,美国 Bruker(US) 开发的峰值力定量纳米力学模型(Peak Force Mode,PFM)因能同时表征纳米力学性能图和形貌而受到广泛关注。PFM 默认采用 2 kHz 的频率在整个表面做曲线,利用峰值力做反馈。当试样表面发生变化时,通过控制器对扫描管施加正弦波形控制电压,使峰值力保持恒定,因此得到了一系列力曲线,可将力曲线转化为形貌图并用于纳米力学性能分析。具体来说,PMF 探针扫描的过程分为两部分,其中扫描的基本过程分为两部分,包括探针的靠近和回撤。

本章采用 PFM 模式探索沥青微观结构和力学性能。其优点是使用力直接作为反馈,可以直接定量得到表面的力学信息,并使得探针和样品间的相互作用很小,能够对软物质及黏弹特性物质进行成像,故适用于沥青材料的研究。

7.1.3　AFM 沥青样品制备方法

采用 AFM 表征样品的微观性质的前提是样品表面光滑。将沥青在烘箱中加热 1 h，使其熔化，然后用玻璃棒将熔融状态的沥青滴入直径为 8 mm、深度为 2 mm 的特制金属容器中，试样在室温下冷却，放入干燥器中保存 12 h 后进行 AFM 测试，整个过程需要注意防尘。测量在恒定室温和湿度（$T = 25$ ℃，RH = 34%）下进行。PFM 模式需要在测试前对系统进行校正，以便准确测量实际样品。测试探针型号为 RTESPA75，弹性系数为 4 N/m，谐振频率为 75 kHz。

7.2　结果讨论

7.2.1　改性沥青微观形貌老化规律

7.2.1.1　微观形貌分析

通过 AFM 扫描可得到沥青微观形貌二维、三维图。二维图体现了沥青微观二维形貌特征，可以观察到由明暗条纹交错形成的类似蜜蜂的二维结构。这个沥青中特有的结构也在其他 AFM 的研究中被观察到，被研究人员称作蜂相结构。蜂相结构在三维图上显示由凸出的"山峰"和凹陷的"山谷"排列组成。在环绕蜂相结构的区域是分散相，分散相分布在光滑基体相中。通过三维图可看出分散相与蜂相结构具有明显边界，高度相差较大。蜂相结构的产生不仅与沥青型号有关，而且不同产地、不同组分的沥青蜂相结构都有差异。

根据蜂相结构的变化分析改性与老化过程对沥青微观形貌的影响。改性沥青老化过程的微观形貌图，二维图像尺寸为 10 μm×10 μm。随着老化过程的加深，70#沥青的蜂相结构数量减少，而面积增大，这与其他 AFM 研究中沥青老化微观形貌变化一致。这一现象表明蜂相结构的数量和大小与多尺度纳米材料的种类有关。与未老化改性沥青相比，三种改性沥青 TFOT 老化后蜂相结构数量增加，推测老化过程中发生了相分散、聚集和解体，导致蜂相结构的恢复，而 UV、PAV 老化后改性沥青微观形貌的变化与 70#沥青一致。

7.2.1.2　粗糙度分析

表面粗糙度与沥青的自愈能力和黏附性能有关。简而言之，沥青的粗糙度越高，沥青的自愈能力和黏附性能越好。不同油源沥青的粗糙度不同，对于存在蜂相结构的沥青，微观表面粗糙度对沥青黏附性能有较大影响。为了保证 AFM 试验得到数据的准确性，在测量过程中，在每个样品的表面随机选择 5 个测试区域，数据均采用 Nano Scope Analysis 1.4 软件进行分析。值得注意的是，在选择测试区域后，需要利用软件对图像进行调平和降噪，目的是消除制样过程中人为因素带来的样品表面微倾斜以及测试环境对 AFM 扫描信号产生的影响。采用 Flatten 模式下的 0 阶修正是纠正 Z 方向的漂移，将 Z 中心调整到 0 点附近；1 阶修正是纠正样品与 AFM 探针之间的倾斜；2 阶修正是纠正扫描管造成的大范围曲面；3 阶修正及以上是更复杂的曲面修正，可能会造成图面假象。如果不经过图像修正，则可能导致测试样品个体差异大，不利于寻找客观变化规律，所以对测试样品统一采用 2 阶修正。

由此可知,Ra70#沥青的粗糙度为:Unaged>TFOT>UV>PAV,在 TFOT、UV 和 PAV 老化后 Ra 降低率分别为 19%、24%和 40%,表明老化程度越深,Ra 下降越显著,沥青的自愈、黏附性能均下降。值得注意的是,在加入多尺度纳米材料后,三种改性沥青 Ra 均降低。然而,改性沥青 TFOT 老化后表面粗糙度增加,这与 70#沥青 Ra 变化不同,结合微观形貌分析,TFOT 老化后改性沥青的蜂相结构增大,而蜂相结构由起伏的凸起和凹陷排列构成,表面存在较大的高差。根据 Ra 的定义推测,在 TFOT 老化后改性沥青蜂相结构面积的增加导致了粗糙度的增大。

对于 TiO_2,在 TFOT、UV、PAV 老化后 Ra 升高率分别为 22%、19%和 5%;SiO_2 在 TFOT、UV、PAV 老化后 Ra 升高率分别为 37%、21%和−8%;ZnO 在 TFOT、UV、PAV 老化后 Ra 升高率分别为 2%、−1%和−4%,这表明三种多尺度纳米材料均减缓了不同老化阶段 Ra 降低率。此外,在不同的老化过程中 ZnO 和 TiO_2 改性沥青的 Ra 均高于 70#沥青,而 SiO_2 改性沥青 Ra 低于 70#沥青,说明 ZnO 对于沥青耐老化性能的改善效果最好,SiO_2 反而起到不利影响。

7.2.2　改性沥青力学性质老化规律

7.2.2.1　微观黏附力分析

AFM 探针材料为 Si_3N_4,通过测定探针与沥青间相互作用分析黏附力的变化规律,并使用软件处理得到黏附力二维图,其中图像右侧的色柱代表了黏附力值范围,色柱颜色条越深,黏附力越低。在图像上可以清楚地观察到三相结构,根据色柱分析可知黏附力大小排序为:光滑基体相>分散相>蜂相结构。另外,在 SiO_2 和 TiO_2 改性沥青的黏附力图像上均匀分布了很多小黑点,特别是在 SiO_2-Unaged 与 SiO_2-UV 图像中最明显。根据色柱颜色含义可知,黑点处黏附力最低,而 AFM 探针与沥青分子的黏附力大于与纳米粒子之间的黏附力,由此推测在 TiO_2 和 SiO_2 改性沥青中出现了纳米粒子的团聚现象,ZnO 在沥青中的分散性优于 TiO_2 和 SiO_2。

为了定量分析沥青试样的黏附力,利用 AFM 的 PFM 模式从测试沥青样品表面获得了 256×256 条力曲线。黏附力呈正态分布,为了方便分析,选取中间值作为样品黏附力代表值。改性沥青不同老化阶段黏附力,在添加多尺度纳米材料后,ZnO 改性沥青的黏附力最大,而 SiO_2 改性沥青的黏附力最小。70#沥青随着老化程度的加深黏附力呈下降趋势,在 TFOT、UV、PAV 老化后分别下降了 22%、51%和 63%,这与沥青老化后和集料黏结力下降,容易产生水损病害的宏观现象一致。ZnO 改性沥青在 TFOT、UV 和 PAV 老化后黏附力分别降低了 4%、22%和 40%;TiO_2 改性沥青在 TFOT、UV 和 PAV 老化后黏附力分别降低了 9%、18%和 44%;而 SiO_2 改性沥青的黏附力降低率分别为 22%、30%、45%。从残留黏附力的角度分析,三种改性沥青残留黏附力均低于 70#沥青的残留黏附力。不同老化阶段下 SiO_2 改性沥青的黏附力绝对值低于 70#沥青,说明虽然 SiO_2 在老化中减缓了改性沥青的黏附力下降速率,但 SiO_2 的加入对沥青黏附力不利,而 ZnO 能有效地减缓沥青老化。

7.2.2.2　DMT 模量分析

杨氏模量是一种最常见的弹性模量，定义为单轴应力与单轴变形的比值，该比值适用于各向同性弹性体刚度的胡克定律，其物理量为固体材料抵抗变形的能力。对于不同的情况，通常有两种模型：JKR（Johnson-Kendall-Roberts）模型和 DMT（Derjaguin-Muller-Toporov）模型。一般来说，JKR 模型适用于大变形、大杨氏模量的材料，而 DMT 模型适用于小变形、小杨氏模量的材料。根据之前的研究成果，选择 DMT 模型用于沥青研究。

在加入多尺度纳米材料后，三种改性沥青 DMT 模量均增加，SiO_2 改性沥青增加最多，达到 51%，TiO_2 与 ZnO 改性沥青分别增加 26%、21%。所有沥青样品的 DMT 模量在老化后均呈增大趋势，这与沥青材料老化后变硬的宏观现象一致。对于 70# 沥青，经 TFOT、UV 和 PAV 老化后，DMT 模量分别增加了 13%、47%、80%；ZnO 改性沥青的变化量分别为 10%、13% 和 38%；TiO_2 改性沥青经 TFOT、UV、PAV 老化后，DMT 模量分别增加 -7%、25%、48%；SiO_2 改性沥青的 DMT 模量分别增加了 12%、20% 和 55%。从以上数据可以发现，三种改性沥青模量增加值均小于 70# 沥青。其中 ZnO 改性沥青 DMT 模量增加率最低，并且在不同老化阶段下的模量绝对值均低于 70# 沥青，证明其具有良好的耐老化性能。

7.2.3　粗糙度、黏附力、DMT 模量相关性分析

采用 AFM 测试沥青材料的微观形貌和力学性能，通过蜂相结构、粗糙度、黏附力和 DMT 对沥青耐老化性能进行分析和评价，探索指标间的内在联系能加深对沥青耐老化机制的认识。其中，粗糙度与微观形貌变化密切相关，根据粗糙度定义，不难理解蜂相结构是粗糙度的最大贡献者。因此，改性沥青经 TFOT 老化后，蜂相结构面积增大，其粗糙度随之增加。黏附力、DMT 模量与粗糙度之间也存在一定的联系。黏附力与 DMT 模量的相关系数在三者中最大，推测其内在联系为：蜂相结构和分散相的黏附力小于光滑基体相，但光滑基体相的 DMT 模量小于蜂相结构和分散相。随着老化过程的加深，蜂相结构的面积增大，对应的是光滑基体相的面积减小，由此，黏附力与弹性模量相关性显著，且形貌的变化反映在粗糙度上。所以，在粗糙度、黏附力与 DMT 模量之间存在良好的相关性。不过指标间关联存在一定的局限，不同种类的多尺度纳米材料对沥青微观形貌产生不确定影响，后续可采用不同类型的 AFM 探针、不同的制样工艺与操作方法进一步研究，探索 AFM 测试不同油源沥青得到的粗糙度、黏附力与 DMT 模量是否也存在良好相关性。并且测定不同老化过程中蜂相结构、分散相和光滑基体相的黏附力与 DMT 模量变化规律，有助于更好地理解沥青耐老化机制。

7.2.4　蜂相结构成型机制分析

沥青的微观结构十分复杂，国内外对其认识也并非完善，所以对沥青微观结构进行研究具有重要意义。在沥青微观形貌图中，蜂相结构反映了沥青相分离行为，并且常被作为评价沥青老化程度的表征指标。因此，对蜂相结构成型机制进行研究，分析其在不同老化条件下的变化规律，有助于加深对沥青微观结构在老化过程变化情况的认识，为提高材料的耐老化性能提供理论基础。

　　上述研究中,采用 AFM 观察到 70# 沥青和改性沥青微观形貌中均存在特有的蜂相结构,其与沥青粗糙度关系密切,很多研究学者采用图像分析软件对蜂相结构进行定量研究,探究其与沥青组分、化学成分、黏附性能的关系,表征沥青老化过程发生的变化。但目前对于蜂相结构的形成还存在分歧。

　　石油中存在蜡成分,而蜡在较低温度下会以结晶的形式析出。蜡结晶形成的过程可分为三个步骤:第一步,由于温度作用,蜡分子与沥青中沥青质等分子的侧链烷基发生共晶作用,生成晶核。第二步,当晶核形成后,环境温度保持在低于蜡凝点时,沥青中其他分子就会不断地覆盖在晶核上,成为生长晶核薄片结构的一部分。蜡分子主要由链结构组成,故易形成一个一维链结构,这导致了蜡结晶在 Z 轴上的发育小于 X 轴与 Y 轴,类似线性聚合物通过嵌入蜡结晶的方式最终形成菱形片状。第三步,蜡结晶之间的相互作用增强,使颗粒相互接触、聚集。相近的蜡结晶可能合并形成更大的蜡结晶结构。

　　沥青中蜂相结构的产生,推测其主要原因是沥青质与蜡相互作用。本章采用 AFM 对不同沥青样品的微观表面进行观察,发现很多与蜡结晶类似的结构。蜂相结构内有很多菱形结构,菱形结构以线形链的方式连接在一起,在形貌图上,蜂相结构的高度为几十纳米,表明 Z 轴尺寸远小于 X 轴和 Y 轴。AFM 观测下的蜂相结构与蜡结晶的生长图具有很大相似性,所以推测蜂相结构中存在蜡结晶。蜡结晶与沥青中沥青质、胶质等组分之间存在相互作用,结晶形成蜂相结构。

　　在经历老化后,蜂相结构面积增加,同时数量减少,推测是沥青中各组分改变而造成的蜂相结构形态发生显著变化。分别代表 70#-Unaged 与 70#-PAV,原样沥青的沥青质含量较低,极性较强的沥青质和蜡组分完全分散在饱和分、芳香分中,当温度在蜡形成晶核温度下,蜡与沥青质发生共晶作用以结晶形式析出,然后沥青中其他的分子不断地覆盖在晶核格点上,逐渐生长为薄片结构。而老化后,沥青中沥青质含量增加,并且沥青质、胶质与蜡的比例发生改变,当含量超过一定浓度时,沥青质分子间容易发生聚集形成大颗粒,导致参与蜡作用形成晶核的沥青质减少,但由于沥青质的聚集导致蜡结晶的单个面积增加,所以体现为老化后蜂相结构数量减少而面积增加,采用蜡结晶原理可以合理地解释沥青微观蜂相结构在老化条件下的变化趋势,这也证实了蜂相结构的大小、数量与沥青质含量密切相关。

7.3　本章小结

　　本章在微观尺度上探讨了多尺度纳米材料对沥青耐老化性能的影响,基于 AFM-PFM 模式测试改性沥青在 TFOT、PAV、UV 老化前后的微观形貌、粗糙度、黏附力和 DMT 模量。定量分析了沥青微观结构的力学性质的分布情况,对指标进行关联性分析并探究其内在联系,对蜂相结构的成型机制进行一定程度探讨,主要结论如下:

　　(1)从微观形貌上看,添加多尺度纳米材料后,蜂相结构形态均有不同变化,说明蜂相结构与多尺度纳米材料类型有关。70# 沥青老化后蜂相结构数量减少,而面积增大。与 70# 沥青不同,三种改性沥青在 TFOT 老化后,相比未老化改性沥青,蜂相结构数量均增加,而 UV、PAV 老化后改性沥青蜂相结构的变化与 70# 沥青一致。

（2）70#沥青的粗糙度 Ra 在 TFOT、UV 和 PAV 老化后分别降低了 19%、24% 和 40%，表明老化后 Ra 下降显著。在加入多尺度纳米材料后，三种改性沥青的 Ra 均有所下降，然而，TFOT 老化后，改性沥青试样的 Ra 增加，与蜂相结构变化具有一致性，根据老化前后改性沥青 Ra 变化情况可以得出 ZnO 对于沥青耐老化性能的改善效果最好，SiO_2 反而起到不利影响。

（3）在添加多尺度纳米材料后，ZnO 改性沥青的黏附力最大，SiO_2 改性沥青的黏附力最小，而 SiO_2 改性沥青 DMT 模量增加最多，ZnO 改性沥青增加最少。70#沥青随着老化程度的加深呈现黏附力下降、DMT 模量上升的趋势。与 TiO_2 和 SiO_2 相比，ZnO 改性沥青在不同老化阶段下黏附力更高，DMT 模量更低，具有更好的耐老化性能。通过黏附力和DMT 模量图可知，ZnO 在沥青中分散性优于 TiO_2 和 SiO_2。

（4）粗糙度、黏附力与 DMT 模量之间存在良好的相关性。其中，粗糙度与黏附力、粗糙度与 DMT 模量的相关系数分别为 0.69 和 -0.72，黏附力与 DMT 模量有很强的相关性，相关系数为 -0.87。

（5）对沥青微观蜂相结构的成型机制进行了探讨，采用蜡结晶原理可以合理地解释微观蜂相结构在不同老化阶段的变化趋势。其中，蜂相结构的数量、大小与沥青质和蜡的含量密切相关，老化导致沥青化学组分变化，从而对蜂相结构产生影响。

第8章 老化对多尺度纳米材料改性沥青化学组成的影响

通过第 6 章、第 7 章可知,老化对多尺度纳米材料改性沥青的物理流变性能、微观形貌特征和力学性质影响较大,但单纯依靠沥青微观结构与物理流变性能关联是不够的。本章采用 NMR、GPC、FTIR 对沥青的分子结构、分子量、特征官能团的变化进行分析,探索多尺度纳米材料的加入对沥青性能的影响,对沥青老化过程中化学组成的变化规律进行研究,进而揭示多尺度纳米材料改性沥青的耐老化机制。

8.1 试验部分

8.1.1 核磁共振(NMR)工作原理及方法

NMR 能检测物质微观分子的结构组成,常被用来研究轻馏分(如喷气燃料和天然气)和重馏分(如原油、沥青质和胶质)的化学信息,可对不同类型的 H、C 原子化学环境进行定量分析。通过 NMR 图谱能计算沥青分子的结构参数并构建分子单元模型,更好地加深对沥青分子化学成分和结构的了解。对比沥青改性前后的 NMR 图谱,根据不同类型的 H、C、P 原子含量变化推断可能发生的反应,NMR 的应用在沥青改性、耐老化机制的研究上具有重要意义。

8.1.1.1 NMR 工作原理

核磁共振主要是由原子核的自旋运动引起的。自旋核有两种能态,与外磁场逆向排列的核能高于顺向排列的核能。自旋核在外部磁场中接收到一定频率的电磁波辐射,如果辐射恰好等于两个能态之间的差值,低能态的自旋核吸收电磁辐射跃迁高能态的现象称为核磁共振。NMR 分析最常用的是氢谱(^{1}H-NMR)和碳谱(^{13}C-NMR),图谱横坐标一般为 H 或 C 原子的化学位移,纵坐标代表了待测样品不同化学位移下 H 或 C 原子检测强度,对图谱曲线进行积分,不但可以区分不同种类的 H、C 原子归属,还能对各类原子的含量进行定量分析。

沥青的组成十分复杂,并且沥青分子中不同 H 原子化学位移交叉重叠,所以不可能通过 NMR 准确识别各种类 H 原子。因此,通过"切段式"归属来区分不同种类 H 原子,对沥青分子结构进行分析。

8.1.1.2 NMR 制样方法

核磁共振仪型号为 Bruker 400,本试验采用氘代氯仿(CDC13)作为溶剂,将需要测试的沥青样品溶解在 CDC13 中,用滴管将完全溶解的溶液滴入 NMR 专用的薄壁样品管中进行^{1}H-NMR 谱测试。

NMR 试验参数:测试温度为 20 ℃;扫描次数 16 次;采样点数为 32 点次;弛豫延迟时

间 D1 为 10 s；图谱相位、基线与最大峰校正均采用人工方式进行。NMR 数据通过软件 MestReNova4 处理。

8.1.2　凝胶渗透色谱(GPC)工作原理及方法

8.1.2.1　GPC 工作原理

　　GPC 是根据待测物质分子量大小与在填料柱中渗透程度的不同分离待测物的仪器。使待测样溶液通过一根含有不同孔径填料粒的色谱柱，柱中有多种供分子通行的路径，包括较大的粒子间隙，以及较小的粒子内通孔。当含有待测试样的溶液流经色谱柱时，试样中尺寸最大的分子，由于其尺寸大于色谱柱填料的所有通孔，故被排除在填料粒的孔外，只能在填料粒间隙中流动，所以最先被洗涤出柱外。而待测样中尺寸小一些的分子，由于其能进入填料粒中比较大的通孔，所以洗涤过程中比大尺寸分子路程更长，因而在时间上体现出会推迟一点被洗涤出柱外。试样中尺寸最小的分子，由于其可以出入于所有的通孔，路程最长，所以最后被淋出。待测样中不同的组分由于在溶液中分子量不同，经过一定长度的色谱柱后，溶液内分子根据相对分子量被分开，在色谱柱出口设置相应的感应转置即可检测各组分含量。通过 GPC 可以得到沥青分子量的连续分布，可用来表征沥青的性能。在本节的研究中，GPC 图谱分割成 13 个小区与三部分，分别为大分子、中分子和小分子。

8.1.2.2　GPC 制样方法

　　将多尺度纳米材料改性沥青溶于四氢呋喃(分析纯)溶液中，溶液浓度为 2.5 mg/mL，手动摇晃溶解 5 min，并采用 0.45 μm 筛进行过滤。在本研究中，GPC 试验温度 30 ℃；洗脱时间 20 min；制备的沥青样品浓度为 0.25%(5 mg/2 mL)，流速为 1.0 mL/min。

8.1.3　傅里叶红外光谱(FTIR)工作原理及方法

　　FTIR 因具有分辨率高、测试速度快、所需样品少等优点，在现代材料分析中运用广泛。目前，FTIR 成为分析沥青材料微观化学结构最常用的方法。通过对比 FTIR 图谱与已确定官能团吸收峰的位置和强度，即可得到沥青在改性、老化过中官能团变化情况，从而对沥青的性能进行表征。

8.1.3.1　FTIR 工作原理

　　有机物分子中组成官能团、化学键的原子持续保持在振动状态，振动分为伸缩与弯曲振动两种。FTIR 通过红外光照射待测物质，使其官能团发生振动，由于各官能团吸收频率不同，所以在 FTIR 图谱上显示的位置也不同，根据图谱获取待测物质的官能团信息进而对物质进行研究。

8.1.3.2　FTIR 制样方法

　　沥青的微观结构特征由 Thermo Nicolet 公司的 FTIR 光谱仪进行检测，扫描范围为 4 000~400 cm^{-1}，分辨率为 4 cm^{-1}。FTIR 试样的制备过程如下：首先，将待测沥青以 5% 的质量分数溶解在二硫化碳(C_2S)溶液中；摇动试管使沥青在溶液中分布均匀，静置 2 h 后，沥青试样完全溶解在 C_2S 中；用微注射器将溶解沥青的溶液滴在溴化钾压片上；最后,将压片置于红外光下 2 min,使 C$_2$S 完全蒸发,进行 FTIR 试验。

8.2　结果讨论

8.2.1　基于 NMR 的沥青化学结构分析

8.2.1.1　多尺度纳米材料对基质沥青化学结构的影响

不同种类多尺度纳米材料改性沥青 H 原子的化学相对位移(δ),70$^{\#}$沥青^{1}H-NMR,7.25 μm 处为 CDC13 的溶剂峰。NMR 图谱左侧 6.0~9.0 μm 处主要为芳香环上的 H 原子,此处除溶剂峰外吸收峰较少,表明 70$^{\#}$沥青芳香环上的 H 原子较少,并且可以看出沥青中含有大量环烷烃和芳香环。NMR 图谱右侧为脂肪族区,其中,以芳香环 β 位碳上的 H 及 β 位以远的 CH$_2$、CH 基上的 H 原子居多。在化学位移 2.5 μm 左右处有较弱吸收峰包,此处对应着—C ≡ C—H ,—CO—CH$_2$, Ar—CH$_2$。化学位移 1.25 μm、0.88 μm 与 0.85 μm 处对应的为 R—CH$_3$,R$_2$—CH$_3$ 和饱和烃。值得注意的是,所有图谱中,在 4.5~6 μm 区域没有记录到任何信号,这是典型的烯烃区域,意味着虽然存在微量的烯烃,但其总量是可以忽略不计的。以上结果表明,70$^{\#}$沥青分子结构主要是开链的饱和烷烃与环烷烃,其次是一些烃基衍生物和化学键。无机纳米粒子和 OEVMT 的加入可能为物理改性,是否发生化学反应需要结合其他表征方法进行探索。

8.2.1.2　多尺度纳米材料对基质沥青化学结构的影响

不同老化阶段下 70$^{\#}$、SiO$_2$、ZnO 和 TiO$_2$ 改性沥青的核磁共振图谱,四种老化方式下,吸收峰较为显著的分别是 2.1~2.9 μm 处吸收峰包群,1.54 μm、1.25 μm、0.88 μm 和 0.85 μm。值得注意的是,随着老化的加深,1.54 μm 处吸收峰强度变化明显,在未老化^{1}H-NMR 图谱中有较高的吸收峰,而 TFOT 、UV 中逐渐下降,最终在 PAV 老化后消失。SiO$_2$ 改性沥青图谱中 1.54 μm 处峰值也随着老化进一步下降,相比 70$^{\#}$沥青,SiO$_2$ 的 1.54 μm 处在 PAV 老化后保留一定峰值,ZnO、TiO$_2$ 和 SiO$_2$ 改性沥青相似,推测是多尺度纳米材料的加入延缓了 1.54 μm 处吸收峰下降。

根据不同类型基团 H 原子化学位移,1.54 μm 处为 RC ≡ CH、R$_2$C = CR—CH,由此可知,在老化过程中,沥青可能发生了化学反应,基团中双键或三键与空气中氧分子反应断裂,使得沥青的分子结构更加复杂,并且沥青中重组分增多,轻组分减少,宏观上体现为沥青变得更加黏稠,物理、流变性能发生显著变化。

为了进一步研究沥青在老化过程中吸收峰的变化,分别对不同老化方式下 70$^{\#}$沥青与三种多尺度纳米材料改性沥青的^{1}H-NMR 图谱中各吸收峰进行定量分析,根据 HA、Hα、Hβ、Hγ 对应的化学位移范围对吸收峰进行积分。为了方便分析,以 Hβ 积分面积值的作为分母,将 1.54 μm 处(1.50~1.61 μm 进行积分)积分比率作为评价指标,对不同老化后沥青 1.54 μm 处积分比下降率进行分析,70$^{\#}$沥青在 TFOT、UV、PAV 老化后,1.54 μm 处积分比率分别下降了 6.24%、32.83%、29.96%。相比 70$^{\#}$沥青,不同种类改性沥青下降速率明显降低,最有效的为 TiO$_2$ 多尺度纳米材料改性沥青,在 TFOT、UV、PAV 老化后,分别下降了 1.91%、3.58%、6.44%。

改性沥青老化后 HA、Hβ+Hγ 含量可以看到老化后 HA 具有减少趋势,表明芳香环上的 H 原子减少,说明在老化过程中,沥青分子的苯环结构上发生了 H 原子的取代反应。Hα 为与芳香环的 α 位相连的 H,其含量发生变化说明沥青分子在老化中产生了结构异化。Hβ 和 Hγ 分别表示环状结构 β 位及其以远的 CH_2、CH_3 的 H 原子,其含量高低与整个沥青分子直链部分 H 原子数量有关,Hβ+ Hγ 值越大,表明链的长度越长,反之亦然。经过不同阶段老化后,虽然 Hβ+ Hγ 值具有增加趋势,即老化后脂肪侧链的长度增加。

8.2.2　基于 GPC 的沥青分子量分析

8.2.2.1　多尺度纳米材料对基质沥青分子量的影响

通过 GPC 检测 70# 沥青与不同多尺度纳米材料改性沥青的分子量分布,相比 70# 沥青,各改性沥青 GPC 图像相差不大,并在中分子区域重合。表 8-1 列出了改性沥青 GPC 图谱中各区域积分面积比例,其中 LMS 含量大小排序为:$ZnO>TiO_2>70#>SiO_2$,SiO_2 改性沥青与 ZnO 沥青 LMS 区域小 0.9%,结果相差不大,说明多尺度纳米材料对沥青分子量影响较小。

表 8-1　改性沥青 GPC 图谱中各区域积分面积比例　　　　　　　　%

种类	LMS	MMS	SMS
70#	15.5	61.6	22.8
SiO_2	15.2	60.4	24.4
ZnO	16.1	61.8	22.1
TiO_2	15.8	58.2	26.0

8.2.2.2　老化对多尺度纳米材料改性沥青分子量的影响

GPC 通过检测分子量大小表征沥青材料的耐老化性能。LMS 区域主要用于表征沥青老化程度,因为在老化过程中沥青质、胶质、饱和分、芳香分之间发生转化,体现为沥青质含量增加,而沥青质是一种高分子量分子,集中在 LMS 区域,且随老化加剧而含量增多,相关研究表明其与老化程度具有很强的相关性,换句话说,沥青的老化导致了 LMS 的增加。

测试不同老化条件多尺度纳米材料改性沥青的分子量分布情况。对照 70# 沥青未老化、TFOT、UV、PAV 老化后的 GPC 图谱,可看出相比其他老化条件,PAV 老化曲线左移,说明大分子含量最多,UV 老化次之,而 TFOT 与未老化曲线在 LMS 区域前段相差不大,表明曲线左移大小与老化程度有关,老化程度越深,曲线左移越多。

通过 Origin 对各区域积分进行定量分析,不同老化条件下改性沥青的 LMS、MMS 和 SMS 积分比例,与其他区域相比,LMS 与沥青结合料性能的相关性更好,采用数据中的 LMS 值来评价沥青老化性能。70# 沥青在 TFOT、UV、PAV 老化后 LMS 比例升高 4.2%、13.3% 和 27.3%;对于 SiO_2 改性沥青,在 TFOT、UV、PAV 老化后 LMS 比例升高 16.2%、16.8% 和 30.2%;ZnO 改性沥青分别升高 6.6%、8.6% 和 16.9%;而 TiO_2 改性沥青分别升高 19.1%、9.6% 和 21.9%。可以看出,ZnO 改性沥青在 UV、PAV 老化后 LMS 的升高值均低于 70# 沥青,说明 ZnO+OEVMT 的组合减缓了沥青质等大分子的生成,改善了沥青的耐老化性能,而 SiO$_2$ 改性沥青在老化后 LMS 值均高于 70# 沥青,不利于沥青耐老化性能提升。

8.2.3　基于 FTIR 的特征官能团分析

8.2.3.1　多尺度纳米材料对基质沥青官能团的影响

对 70# 沥青和不同多尺度纳米材料改性沥青分别进行 FTIR 试验,其中,以 3 452 cm^{-1} 为中心且表现为单特征峰的是 O—H 的伸缩振动峰,2 920 cm^{-1} 处是甲基—CH$_3$ 伸缩振动特征峰,而 2 854 cm^{-1} 属于亚甲基—CH$_2$—的伸缩振动特征峰;1 700 cm^{-1} 处有羰基 C=O 伸缩振动特征峰;在 1 603 cm^{-1} 处的属于 C=C 伸缩振动引起的特征峰;1 456 cm^{-1} 特征峰属于甲基—CH$_3$ 非对称振动,1 375 cm^{-1} 附近特征峰属于亚甲基—CH$_2$—的对称振动;砜基包括 O=S=O 对称和的非对称伸缩振动,均会出现特征峰,分别位于 1 160 cm^{-1} 与 1 125 cm^{-1} 处。沥青中存在大量芳香分与饱和分并主要以苯环形式存在,在 860 cm^{-1} 至 670 cm^{-1} 之间存在多且散的特征峰群,为 C—H 的面外弯曲振动特征峰,但苯环上取代形式多样,所以特征峰强度、频率等都会随取代基位置不同而具差异。

70# 沥青,加入有机蛭石与表面修饰无机纳米粒子后的改性沥青没有产生明显的新特征峰。张恒龙对 OEVMT 与无机纳米粒子改性前后进行 FTIR 测试。1 010 cm^{-1} 与 448 cm^{-1} 处特征峰为 OEVMT 骨架八面体中 Si=O=Si 的伸缩振动和弯曲振动,719 cm^{-1} 处为亚甲基—CH$_2$—的协同振动。1 096 cm^{-1} 是 Si=O=Si 的反对称伸缩振动,797 cm^{-1} 与 476 cm^{-1} 为 Si=O 对称收缩与弯曲振动。452 cm^{-1} 是 ZnO 晶格中 Zn=O 伸缩振动特征峰。668 cm^{-1} 是 Ti=O=Ti 的振动特征峰。多尺度纳米材料特征吸收峰不明显可能由于加入剂量较少,更大原因是与沥青吸收峰重合,位于低波数处,与芳香环不同取代基特征峰混合不易识别。

8.2.3.2　老化对多尺度纳米材料改性沥青官能团的影响

在沥青老化过程中发生一系列化学反应,在 FTIR 图谱中直观地体现为新特征峰的产生或已有特征峰透过率的增加或减少。老化后沥青分子与氧气发生反应,含氧官能团增加,通常采用 FTIR 图谱中的羰基(C=O)与亚砜基(S=O)对沥青材料老化程度进行表征。

不同老化条件下的多尺度纳米材料改性沥青 FTIR 光谱可以观察到不同改性沥青经历 TFOT、UV、PAV 老化后特征吸收峰的位置基本相同,而透过率有所不同。本书研究中,可观察到改性沥青 1 700 cm^{-1} 处羰基(C=O)与亚砜基(S=O)吸收峰均增加显著,但是羰基特征峰没有亚砜基特征峰变化显著,故采用亚砜基做定量分析。由于纳米粒子、OEVMT 的加入对沥青 600~2 000 cm^{-1} 范围具有影响,不能区分 70# 沥青与多尺度纳米材料改性沥青官能团变化,且 1 456 cm^{-1} 处特征峰较为稳定。

8.3　多尺度纳米材料改性沥青耐老化机制分析

8.3.1　沥青耐老化机制

老化发生在路面使用全寿命周期中,是导致路面车辙、松动、开裂等病害的主要原因,在沥青材料老化过程中,发生了物理反应和化学反应。其中,物理反应主要指沥青分子中轻质物质在较高温度下挥发;化学反应则是在热、氧、光照等因素的影响下发生的氧化、脱氢、异构、加聚和降解等反应,不同原产地、不同类型的沥青老化过程存在差异。物理反应和化学反应均改变了沥青组分比例,并且生成了新的官能团,改变了分子结构和尺寸,这都对沥青性能产生了影响,最终在沥青路用性能上体现。本章采用了 NMR、GPC 与 TFIR 分别对 $70^{\#}$ 沥青与多尺度纳米材料改性沥青老化前后的 H 原子环境、分子量与特征官能团进行了研究,分析了老化过程沥青化学组成变化对宏观物理性能的作用机制。

目前,自由基反应机制解释沥青老化过程中的化学反应被大多数研究人员采用。沥青分子在热、氧作用下,由烃类物质裂解产生初始自由基(R·);然后初始自由基与氧分子反应生成过氧化自由基(ROO·);接着过氧化自由基与新的沥青分子反应产生氢过氧化物(ROOH),氢过氧化物易分解成新的活性自由基,而新的活性自由基又与烃类物质重复进行反应,产生连锁效应。所以,改善耐老化性能的关键是减缓初始自由基的产生和氧气的渗入。

8.3.2　化学组成变化对老化作用机制

沥青老化是水、热、氧和光照等因素共同作用导致分子中氧元素增加的过程,路用性能上体现为高温稳定性得到改善,与集料界面黏附力、低温、耐疲劳等路用性能下降。沥青物理性能变化是沥青化学组成变化的综合反映,通过微观试验结果探究老化后化学组成变化对沥青宏观性质的作用机制。

NMR 通过分析沥青不同类型 H 原子环境,从而探索对物理性能的影响。根据 HA、Hα、Hβ + Hγ 含量变化,表明在老化过程中苯环结构发生了 H 原子的取代和结构异化反应,并且沥青分子链的长度增加。其作用机制是链长增加,分子运动时所需克服的内摩擦力更大,当分子链越长,沥青黏性流动所需要完成的分子链段协同位移次数更多,致使分子间的相对运动更不容易。所以,沥青老化后宏观上体现黏度变大,软化点提高,且高温稳定性更好,这是因为需要更高温度才能使沥青分析达到相同相对位移。在加入多尺度纳米材料后,由于形成夹层/剥离结构,阻碍了沥青分子链的运动;并且无机纳米粒子在 DB-560 的修饰后,与沥青相互作用更强,沥青分子被表面修饰后的纳米粒子吸附,形成由沥青包裹的颗粒,分散在沥青中阻碍了沥青分子链的运动,这进一步从微观结构层面解释了多尺度纳米材料对沥青物理性能作用机制。

GPC 通过 LMS 区域积分面积比例变化表征沥青老化性能。结果表明,老化后沥青曲线左移,LMS 区域积分面积比例增加,说明沥青尺寸变大,这与 NMR 对沥青物理性能作用机制的分析结果一致,由于沥青尺寸越大,分子间运动的摩擦力也将越大,导致分子间的相对位移越不容易进行。多尺度纳米材料改性沥青由于添加了 OEVMT 与表面修饰纳米粒子多尺度纳米材料,OEVMT 与沥青分子形成夹层/剥落结构,有效地降低了氧分子的渗透速率,使得初始自由基(R·)与过氧化自由基(ROO·)产生过程被抑制,减缓了反应进行,所以多尺度纳米材料改性沥青 LMS 区域积分面积增加值低于 $70^{\#}$ 沥青,改善了沥青耐老化性能。

FTIR 分析可以得出羰基与亚砜基特征峰含量增加。沥青分子中以 C＝H 、C＝O

和 C＝C 键为主,并存在一些不饱和官能团。在紫外线辐射下,沥青化学键容易断裂,初始自由基(R·)与氧分子结合发生反应,使得沥青轻质组分向大分子聚合物方向转化。并且不饱和官能团在老化过程中容易发生缩聚、加成、氧化、脱氢等反应,使羰基(C＝O)、亚砜基(S＝O)等极性官能团含量增加,沥青中羰基(C＝O)、羧酸(COOH)等极性官能团能与水分子形成氢键,具有亲水性,水的 pH 值对沥青中沥青质与其他酸性成分油水界面张力影响较大,吸引沥青质向沥青-水界面移动并在界面上富集形成结构膜,随着老化时间增长,结构膜发生硬化现象,加速了沥青老化效果。并且极性官能团固有的偶极产生静电力,使沥青分子间作用力增加,缔合能力增强。C＝C 具有良好的柔顺性,能改善沥青低温延展性,但随着老化加剧,C＝C 断裂导致沥青低温性能下降,所以沥青老化后宏观上体现为更硬,针入度和延度降低,抵抗变形能力增加。从亚砜基含量来看,OEVMT 减缓了氧分子与不饱和官能团反应过程,通过表面修饰纳米粒子能反射和吸收紫外辐射,减少沥青中化学键的断裂,使沥青耐老化性能得到改善。

8.4　本章小结

本章采用 NMR、GPC 和 FTIR 等现代仪器对 70# 沥青与多尺度纳米材料改性沥青在不同老化条件下的化学结构、分子量与特征官能团进行了研究,分析了改性沥青老化前后化学组成变化规律,其主要结论如下:

(1)应用 NMR 对比了改性沥青在老化前后 H 原子的分布与含量变化,提出将 1.54 μm 处积分面积比作为评价指标,相比 70# 沥青,随着老化程度加深,改性沥青 1.54 μm 处下降速率明显降低。NMR 结果表明,TiO₂ 改善效果强于 ZnO 与 SiO₂,老化后 HA、Hα、Hβ+Hγ 的变化说明在老化过程中沥青分子的苯环结构上发生了取代、结构异化反应,且老化后脂肪侧链的长度增加。

(2)通过 GPC 对比改性沥青在老化前后分子量的变化,结果表明,在 TFOT、UV、PAV 老化后沥青 LMS 区域含量都有不同程度的增加,分子量分布曲线左移,沥青中大分子增加。ZnO 减缓了沥青中沥青质等大分子的生成,改善了沥青的耐老化性能,而 SiO₂ 改性沥青在老化后 LMS 值反而高于 70# 沥青,说明其对沥青耐老化性能产生不利影响。

(3)采用 FTIR 对比了 70# 沥青改性前后光谱图,添加多尺度纳米材料后图谱无新吸收峰产生。采用亚砜基含量变化表征改性沥青耐老化性能,结果表明,相比 70# 沥青,改性沥青在经历老化后亚砜基增加率显著降低,多尺度纳米材料提高了沥青耐老化性能。

第9章 复合改性沥青性能研究

　　道路路面在服役的过程中,使用时间的长短取决于沥青性能的好坏,而且不同地区对于沥青路面的环境温度要求也不同,例如寒冷地区就要求沥青路面有很好的低温抗裂性能,温度比较高的地区就要求沥青路面有很好的高温稳定性能,有的高原地区就要求沥青路面有很好的抵抗紫外线老化能力。因此,本书根据第3章得出的材料最佳组合,从复合改性沥青的老化性能、黏温特性、流变性能三个方面进行了研究,来评价复合改性沥青的综合性能是否得到提高。

9.1 老化性能

　　路面在长期使用过程中很容易发生几种常见的病害,主要是坑槽、车辙及裂缝等,正是这些问题导致沥青性能和使用年限大大降低。研究表明,沥青产生这几种病害的主要原因之一就是沥青的老化。

　　沥青老化对道路的使用年限有很大的影响,沥青的老化指的是沥青在运输、加热、摊铺和碾压的使用过程中以及在后期的交通荷载作用下、自然环境(温度、氧化作用及光、水等)因素作用下发生的物理化学反应。沥青老化后会使其原有的性能如黏度、高温性能等发生变化,沥青会渐渐地变硬、变脆,从而降低路面的使用寿命[109]。因此,如何改善沥青的抗老化性能,对以后延长路面的使用寿命有重要意义。

　　沥青老化分为短期老化和长期老化,而评价沥青短期老化的试验方法为两种,分别为薄膜加热烘箱老化(TFOT)、旋转薄膜烘箱加热老化(RTFOT)。薄膜烘箱和旋转烘箱被用来模拟沥青铺装过程中发生的老化,如拌和、摊铺等。这两种方法是在称取质量(TFOT 50 g, RTFOT 35 g)不同、加热条件(163 ℃)相同、加热时间(TFOT 5 h, RTFOT 75 min)不同的情况下进行的。评价沥青长期老化的方法只有一种,即压力老化(PAV)试验,它主要是用来模拟沥青路面在被使用5年的过程中发生的老化,如受光、热及交通荷载等。其试验条件是在90~100 ℃和容器压力为2.1 MPa的条件下对沥青加速老化20 h。不过,压力老化试验存在着弊端,就是忽略了在现实道路中紫外光对沥青的影响。

　　本书主要是研究在4%纳米碳酸钙+5%纳米氧化锌+4%丁苯橡胶掺量下复合改性沥青的短期抗老化能力,依据规范《公路工程沥青及混合料试验规程》(JTG E20—2011)中的T0609—2011进行了试验,并与基质沥青进行了对照试验,其老化试验如图9-1所示,其试验结果如表9-1所示。

(a)　　　　　　　　　　　　　　　(b)

图 9-1　薄膜加热烘箱试验

表 9-1　复合改性沥青的短期老化试验结果

沥青类型	老化前			老化后			
	质量/g	25 ℃针入度/0.1 mm	延度/cm	质量损失/%	25 ℃针入度/0.1 mm	残留针入度比/%	延度/cm
70#	49.851	61.5	11.6	0.327	42.3	68.8	7.9
复合改性沥青	50.066	50.3	25.9	0.101	39.9	79.4	24.1

由表 9-1 可知,基质沥青在薄膜加热烘箱短期老化条件下的质量损失为 0.327%,而 4%纳米碳酸钙+5%纳米氧化锌+4%丁苯橡胶掺量下复合改性沥青的质量损失为 0.101%。从残留针入度比的试验结果得出,基质沥青残留针入度比为 68.8%,复合改性沥青的残留针入度比为 79.4%,复合改性沥青的残留针入度比相比基质沥青的提高了 15.4%。从延度的试验结果得出,基质沥青老化后的延度值比老化前的延度值降低了 31.9%,复合改性沥青的延度值相比老化前的数值降低了 6.9%,说明复合改性沥青能够减缓延度值减小。

结合上述试验结论可以得出,纳米碳酸钙、纳米氧化锌和丁苯橡胶的加入使基质沥青的质量损失减小,残留针入度比提高,能够有效地防止沥青老化,提高抗老化性能。

9.2　黏温特性

黏度作为沥青众多性能中的主要技术性质,黏度的提高能够增强沥青的抗剪切变形能力和弹性恢复能力。同时,它对于沥青路面的高温稳定性能有着重要的影响。黏度大,沥青的抗剪切变形减小,弹性恢复能力好,路面抵抗车辙的能力也变好。因此,现在大多数国家如美国、澳大利亚等对沥青黏度限制了范围,进行了分级[110]。

沥青的黏度在不同的温度条件下表征的性能也不相同。比如在 60 ℃条件下,黏度是表征沥青路面在温度较高的条件下抵抗流动的性能;在135℃的温度条件下,黏度是表征沥青的泵送性能好坏,黏度越小,则沥青的泵送性能越好;而在175℃的温度条件下,黏度是评价沥青的和易性,黏度越小,则沥青的和易性越好,沥青混合料的施工和易性也越好[111]。黏度作用的原理是沥青流体内部分子间的摩擦力(由分子结构之间的引力形成),外部则表现出抵抗流体流动的能力。

实际施工中常用的测定黏度的方法有两种:一是真空减压毛细管法,即动力黏度试验;另一种是布洛克菲尔德黏度计法,即旋转黏度试验。由于本书主要研究沥青在不同温度条件下的黏度变化趋势,因此不宜采用第一种方法进行试验,而是根据第二种方法对基质沥青和复合改性沥青进行了试验,美国SHRP要求改性沥青135℃的黏度不得超过3Pa·s。具体试验步骤依据《公路工程沥青及混合料试验规程》(JTG E20—2011)中T0625—2011进行。其试验照片如图9-2所示,其试验结果如表9-2所示。

图9-2 布洛克菲尔德黏度仪

表9-2 布洛克菲尔德试验结果

温度/℃		110	120	130	135	140	150	160	175	185	190
不同沥青的黏度/(Pa·s)	基质沥青	3.38	3.14	2.70	2.37	1.21	0.65	0.45	0.33	0.22	0.18
	改性沥青	4.16	3.60	3.19	2.89	1.46	0.80	0.54	0.39	0.27	0.21

由表9-2可知,随着温度的升高,基质沥青和4%纳米碳酸钙+5%纳米氧化锌+4%丁苯橡胶复合改性沥青的黏度逐渐减小,但是整体4%纳米碳酸钙+5%纳米氧化锌+4%丁苯橡胶复合改性沥青的黏度都大于基质沥青的黏度,比基质沥青提高了14.6%~23.1%。从试验结果可以看出,复合改性沥青能够有效地改善基质沥青的黏度,黏度的提高能够使沥青加入混合料中增强其抗剪切变形的能力,同时其抵抗车辙的能力也增大。说明纳米碳酸钙、纳米氧化锌及丁苯橡胶的加入有利于提高沥青的高温性能。

9.3　流变性能

道路上使用的沥青多属于溶-凝胶型沥青,它的流变性能和路用性能有不可分割的关联,从流变学的角度来看,因为沥青在高温时主要表现的是黏性,黏性越大,则沥青的黏性成分也越多,其自身抵抗车辙的能力也增强,从而能够很好地降低沥青道路的车辙损坏;与此不同的是,当沥青在低温的时候主要表现为弹性,这就要求沥青具有很好的流动性,这样能够减缓因温度收缩造成的收缩应力,从而能够很好地降低沥青道路的低温缩裂破坏[55]。这一观点的提出,不仅寻找出了沥青分级和评价的新方法,而且可以结合流变性能弥补改性沥青常规性能分析上的不足,对沥青性能的研究具有重要意义。

9.3.1　动态剪切(DSR)试验

9.3.1.1　温度扫描

在 1993 年,美国 FHWA(联邦高速公路管理局)的美国国家公路和运输协会(AASH-TO)制定了"国家战略性公路研究计划",也就是简称的 SHRP 计划。它主要是通过动态剪切流变仪对沥青试样的复数剪切模量 G^*、相位角 δ、车辙因子 $G^*/\sin\delta$ 等参数进行试验。其中,复数剪切模量 G^* 越大,沥青抵抗剪切变形的能力就越好;相位角 δ 越小,则沥青的变形后恢复能力越强;车辙因子 $G^*/\sin\delta$ 越大,则沥青在高温时抵抗车辙的能力也越强。

本次研究采用的仪器厂家为美国 TA 公司,型号为 DHR-1,主要对基质沥青、老化后的基质沥青、改性沥青及老化后的改性沥青四个试样进行高温性能方面的研究。具体的试验根据《公路工程沥青及混合料试验规程》(JTG E20—2011)中 T0628—2011 进行。其试验照片如图 9-3 所示。

图 9-3　动态剪切流变试验

温度扫描采用直径 25 mm、厚 1 mm 的大试样,试验的剪切频率为 10 rad/s,控制应变为 1%,温度是由低到高逐渐升温的方式,温度区间为 46~82 ℃,温度间隔为 6 ℃。试验结果如表 9-3 所示。

表 9-3 复合改性沥青复数剪切模量、相位角、车辙因子

参数指标		沥青类型			
因素	温度/℃	基质沥青	复合改性沥青	老化后基质沥青	老化后复合改性沥青
复数剪切模量 G^*/kPa	46	24.61	34.76	12.63	25.84
	52	9.78	13.61	10.24	24.50
	58	4.25	5.74	8.46	15.30
	64	1.92	2.75	6.65	8.05
	70	0.94	1.40	3.36	4.40
	76	0.46	1.14	1.59	2.13
	82	0.24	1.02	0.83	1.03
相位角 δ/(°)	46	81.67	76.01	80.00	79.96
	52	83.79	80.73	82.00	78.53
	58	85.42	82.86	85.36	73.82
	64	86.79	84.38	79.86	79.18
	70	88.07	85.60	84.04	82.41
	76	88.69	85.68	85.99	84.78
	82	89.07	86.43	86.78	85.59
车辙因子 $(G^*/\sin\delta)$/kPa	46	24.88	35.82	12.82	26.24
	52	9.84	13.79	10.34	25.00
	58	4.26	5.79	8.49	15.93
	64	1.92	2.76	6.75	8.19
	70	0.94	1.40	3.38	4.44
	76	0.46	1.14	1.59	2.14
	82	0.24	1.02	0.84	1.03

由表 9-3 可以得出:

(1)随着温度的升高,复数剪切模量值逐渐减小,并且基质沥青和复合改性沥青的复数剪切模量值的变化趋势基本一致,基质沥青的复数剪切模量 G^* 在同一温度条件下都小于复合改性沥青的复数剪切模量值,这表明在同一高温条件下,复合改性沥青抵抗剪切的能力要比基质沥青的强。并且在基质沥青中加入纳米氧化锌、纳米碳酸钙、丁苯橡胶之后,相同温度下,复合改性与基质沥青相比复数剪切模量 G^* 呈现出上升的趋势,且相位角 δ 出现相应的减小趋势,复合改性沥青 G^* 增长和 δ 降低幅度均明显大于基质改性沥青。由此可得,在基质沥青中掺入纳米氧化锌、纳米碳酸钙、丁苯橡胶可以有效提高沥青的抵

抗永久变形的能力。

(2)当温度条件相对较低时,三种沥青的复数剪切模量值较大,但同温度下的相位角值较小,表明低温时沥青更有弹性,其承受变形的能力更强。随着温度的升高,基质沥青和复合改性沥青的相位角都逐渐上升,出现复数剪切模量值降低、相位角逐渐增大的趋势,表征高温环境下沥青的黏性更强,其抗变形的能力也出现一定程度的降低。在同一温度条件下,复合改性沥青的相位角要比基质沥青的相位角要小,说明了纳米材料和丁苯橡胶的加入使基质沥青的弹性成分所占比例增多,黏性成分所占比例减小,这有利于路面变形的恢复。

(3)基质沥青当温度升到 70 ℃时,车辙因子 $G^*/\sin\delta$ 数值为 0.94 kPa,小于规范要求的 ≥1.0 kPa;而复合改性沥青在 82 ℃的车辙因子 $G^*/\sin\delta$ 数值为 1.14 kPa,大于规范的要求,因此纳米碳酸钙、纳米氧化锌及丁苯橡胶的添加能够有效地抵抗车辙的变形,抵抗车辙能力越强,沥青的高温性能越好,说明复合改性材料的加入提高了基质沥青的高温性能。

(4)老化后的基质沥青和复合改性沥青的复数剪切模量 G^* 随着温度的升高逐渐减小,且变化趋势和老化前的基质沥青和复合改性沥青基本一致,但在同一温度条件下,老化后的复合改性沥青的复数剪切模量大于老化后基质沥青的复数剪切模量数值。这表明了老化后的复合改性沥青的抗剪切变形的能力还是比老化后的基质沥青的抗剪切能力要强。

(5)老化后的基质沥青和复合改性沥青的相位角比老化前的数值都要小,这是因为老化后的基质和复合改性沥青里边的黏性成分和弹性成分都下降,沥青就慢慢变得很硬,导致了相位角减小。但是从结果也可发现,老化后的复合改性沥青的相位角比老化后的基质沥青相位角要大,这说明改性后的沥青在以后的服役过程中弹性恢复能力比基质的要强。

(6)老化后的基质沥青温度为 82 ℃时,车辙因子 $G^*/\sin\delta$ 数值为 0.84 kPa,而老化后的复合改性沥青在 82 ℃的车辙因子 $G^*/\sin\delta$ 为 1.03 kPa,大于规范的要求,因此纳米碳酸钙、纳米氧化锌及丁苯橡胶的添加在短期的使用中能够有效减缓车辙的变形,增强抵抗车辙的能力。

(7)RTFOT 老化使沥青的车辙因子变大,原因为:老化使沥青的组分发生了变化,轻质组分逐渐向重质组分的转化使得复合改性沥青更加硬化,使得沥青路面在高温条件下有重载交通行驶通过时,较好的黏弹性使其不易产生车辙变形病害,说明老化使改性沥青具有较好的高温稳定性。老化后改性沥青的车辙因子提高还表明,丁苯橡胶自身拥有的高强度特征与纳米粒子有效结合,形成一种统一体系之后,改性沥青整体的性能得到有效提高。在基质沥青中掺入纳米氧化锌、纳米碳酸钙、丁苯橡胶三种改性剂,显著减少沥青发生车辙变形病害的概率,对高温条件下的沥青抗破坏能力发挥重要作用。

9.3.1.2　频率扫描

通过研究不同角频率下两种沥青老化前后的复数剪切模量,进一步分析改性前后的流变性能,频率扫描试验有助于全面分析在不同剪切角频率下,不同沥青老化前后的动态高温特征。本节在温度为 40~88 ℃的条件下对老化前后的 2 种沥青进行频率扫描试验研究,温度间隔为 12 ℃,试验结果如图 9-4、图 9-5 所示。

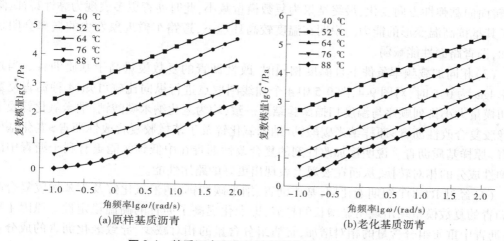

(a)原样基质沥青　　　　　　　　　　(b)老化基质沥青

图 9-4　基质沥青老化前后复数模量-角频率变化

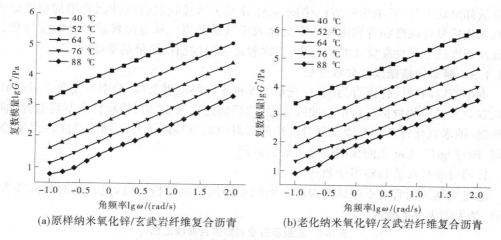

(a)原样纳米氧化锌/玄武岩纤维复合沥青　　(b)老化纳米氧化锌/玄武岩纤维复合沥青

图 9-5　复合改性沥青老化前后复数模量-角频率变化

分析图 9-4、图 9-5 可知:

(1)在相同温度条件下,随着角频率逐渐变大,两种沥青复数模量值也随之增加,且几乎为线性关系。在实际道路应用中,路面加载的频率升高则表明道路在单位时间内承受的振动频率越高,即单位时间内产生的全剪切应变减小,G^* 表示全剪切应力和全剪切应变的比值,则沥青的复数模量随之增加。在温度相对较低的状态下,荷载频率的增大对沥青路面产生的影响不大,沥青路面发生的变形较小,但在温度相对较高的状态下,当路面承受重载交通车辆时,产生的复数模量值较小,沥青路面容易发生变形,从而可能引起道路面层的损害。

(2)基质沥青、纳米碳酸钙/纳米氧化锌及丁苯橡胶复合改性沥青,在 5 个不同试验温度条件下,复数模量的变化速率走势基本相同且大致保持平行。分析试验数据表明,随着环境条件的变化,两种沥青的复数模量与温度呈负相关,原因为沥青在温度较高的条件下出现软化现象,导致沥青内部之间的相互作用力发生削弱现象,改性沥青弹性性能减弱,转而向黏弹性方向变化,最终结果为复数模量减小,此时沥青更多表现为黏性特征,降低了其抵抗高温变形的能力。说明在温度较高环境下,道路车辙现象发生的概率会明显增加,沥青路面性能减弱。

(3)相同加载频率条件下且温度相同时,改性沥青的复数模量高于基质沥青。当角频率 $\lg\omega$ 为 0.5 时,对图 9-4、图 9-5 中 4 个曲线图取点进行纵向比较可知,4 种沥青复数剪切模量大小排列顺序与温度扫描试验结果一致,均为老化纳米碳酸钙/纳米氧化锌及丁苯橡胶复合改性沥青>原样纳米碳酸钙/纳米氧化锌及丁苯橡胶复合改性沥青>老化基质沥青>原样基质沥青。说明掺加改性剂的复合改性沥青在中低频区能更有利于沥青中的黏弹性成分的相对转换,从而在宏观上表现出更好的路用性能。

(4)经过 RTFOT 短期老化后,基质沥青、纳米碳酸钙/纳米氧化锌及丁苯橡胶复合改性沥青的复数模量均出现明显增长的趋势,即老化提高了沥青的高温稳定性。原因主要为:沥青中重质组分含量的相对增加,轻质组分含量的相对减少,导致老化沥青的成分比例发生变化,沥青变得坚硬,降低了其在高温外力环境条件下变形量。老化使改性沥青复数模量都出现上升,且纳米碳酸钙/纳米氧化锌及丁苯橡胶复合改性沥青增加幅度最大。说明老化后复合改性沥青稠度和硬度变化大于基质沥青。从复数模量增长幅度分析,复合改性沥青抗老化性能优于基质沥青,再次验证了温度扫描结果的准确性。

9.3.1.3 频率扫描结果主曲线分析

本小节以两种原样沥青为例,首先基于 5 种不同的温度条件,分别对复数模量和角频率取双对数之后的数据进行拟合曲线方程,然后通过选取 G^* 值,依次算出基质沥青、纳米碳酸钙/纳米氧化锌及丁苯橡胶复合改性沥青对应的位移因子,最后借助时间-温度等效原理,构建 $\lg G^* - \lg\omega$ 主曲线图以增大研究区间。

1. 两种原样沥青位移因子的确定

通过对基质沥青在不同试验温度下的频率扫描数据分析,然后进行双对数曲线方程拟合,结果如表 9-4 所示。

表 9-4 基质沥青双对数拟合曲线汇总

试验温度/℃	拟合曲线方程	R^2
40	$\lg G^* = 0.927\,0\lg\omega + 3.382\,5$	0.999 6
52	$\lg G^* = 0.960\,8\lg\omega + 2.684\,7$	0.999 9
64	$\lg G^* = 0.938\,6\lg\omega + 1.945\,5$	0.998 7
76	$\lg G^* = 0.902\,4\lg\omega + 1.301\,1$	0.999 7
88	$\lg G^* = 0.879\,3\lg\omega + 0.781\,3$	0.981 1

本节通过选取 $G^* = 1\,000$ Pa,将其代入 $\lg G^*$ 得出 $\lg G^* = 3$,再将 $\lg G^*$ 值分别代入表 9-4 的拟合曲线方程中,可获得不同温度条件下相应的 $\lg\omega$ 值,以试验温度为 40 ℃的位移因子为基准,依次计算出剩余温度条件下的角频率 $\lg\omega$ 对应的位移因子值,结果汇总如表 9-5 所示。

表 9-5　基质沥青位移因子

试验温度/℃	lgω/(rad/s)	位移因子
40	-0.412 6	0
52	0.328 2	-0.740 8
64	1.123 5	-1.536 1
76	1.882 6	-2.295 2
88	2.523 3	-2.935 9

　　采取与分析基质沥青相同的方法,计算出纳米碳酸钙/纳米氧化锌及丁苯橡胶复合改性沥青的拟合曲线方程和对应的位移因子值,计算结果分别如表 9-6 和表 9-7 所示。

表 9-6　两种改性沥青双对数拟合曲线方程汇总

改性沥青种类	试验温度/℃	拟合曲线方程	R^2
复合改性沥青	40	$\lg G^* = 0.845\ 6\lg\omega + 4.106\ 4$	0.999 3
	52	$\lg G^* = 0.910\ 8\lg\omega + 3.277\ 1$	0.999 2
	64	$\lg G^* = 0.940\ 4\lg\omega + 2.559\ 8$	0.999 8
	76	$\lg G^* = 0.922\ 0\lg\omega + 2.014\ 5$	0.999 7
	88	$\lg G^* = 0.882\ 7\lg\omega + 1.549\ 9$	0.996 6

表 9-7　两种改性沥青位移因子

改性沥青种类	试验温度/℃	lgω/(rad/s)	位移因子
复合改性沥青	40	-1.308 4	0
	52	-0.304 2	-1.004 2
	64	0.468 1	-1.776 5
	76	1.068 9	-2.377 3
	88	1.642 8	-2.951 2

2. 两种原样沥青的主曲线分析

　　采用时间-温度等效原理进行图形绘制时,不同温度的曲线图会在位移因子的基础上水平移动,然后通过研究生成的一条较宽区域的 $\lg G^* - \lg\omega$ 曲线图,可以评价分析外界环境作用下不同沥青的感温性能规律。位移因子原理示意图如图 9-6 所示。

　　借助时温等效原理,以 40 ℃的温度为基准,根据表 9-5 和表 9-7 中计算出的三种原样沥青的位移因子值,对其余复数模量变化图分别向左水平移动,得到 $\lg G^* - \lg\omega$ 主曲线图,如图 9-7 所示。

　　根据图 9-7 分析可得出以下结论:

　　(1)在角频率相同的加载条件下,特别是高温低频率区段,纳米碳酸钙/纳米氧化锌

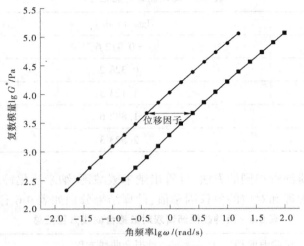

图 9-6　位移因子原理

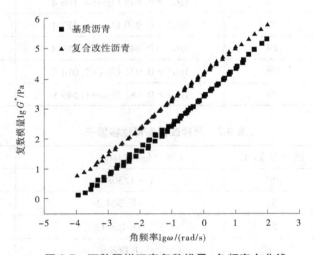

图 9-7　两种原样沥青复数模量-角频率主曲线

及丁苯橡胶复合改性沥青的复数模量值大于复数模量值最小的基质沥青,表明基质沥青具有较差的抗车辙变形能力,纳米碳酸钙、纳米氧化锌、丁苯橡胶的加入有助于提高沥青的高温性能。

（2）在低温高频率区段,随着角频率的增大,两种沥青的复数模量也随之增加,基质沥青与复合改性沥青的主曲线图有逐渐靠近的趋势,纳米碳酸钙/纳米氧化锌及丁苯橡胶复合改性沥青的复数模量在最高位置并处于持续上升阶段,表明纳米碳酸钙、纳米氧化锌、丁苯橡胶外掺剂的加入能有效提高沥青的高温性能,且在高频区段,改善效果依旧显著。

9.3.2　弯曲蠕变劲度（BBR）试验

近年来,沥青道路的使用在全国的占比是很大的,在建设发展中也起到了重要的作用。但是在寒冷地区,沥青道路容易受低温的影响而使沥青变得很脆,容易造成路面的破坏,从而减少沥青路面的使用寿命。因此,研究如何提高路面的低温抗裂性能,对于以后沥青道路的发展具有很重要的意义。

针对这一问题,美国 Superpave 将沥青制备成试样(长 147 mm、宽 12.7 mm、厚6.35 mm),通过弯曲流变试验来评价沥青的低温性能。弯曲流变仪(简称 BBR)主要通过两个参数,分别是弯曲蠕变劲度模量 S 和蠕变曲线斜率 m,来评价沥青的低温抗裂性能。这两个参数反映的是不同的性能指标,劲度模量 S 反映的是沥青在不同的温度,以及不同的荷载下,抵抗荷载能力的大小。劲度模量 S 越小,则反映出沥青在低温条件下的柔韧性越大。蠕变曲线斜率 m 反映的是劲度模量 S 随着温度变化的变化速率。当 m 越大时,沥青就越不容易产生低温应力,也就越不容易对道路产生低温开裂的破坏。

本书对基质沥青、复合改性沥青主要选用的试验温度为 −12 ℃、−18 ℃、−24 ℃。通过加载、卸载和恒载的控制,对劲度模量值 S 和蠕变曲线斜率值 m 进行试验研究,其试验如图 9-8 所示,试验结果如表 9-8 所示。

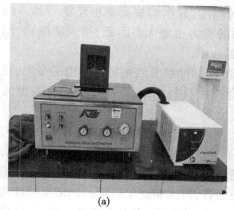
(a)

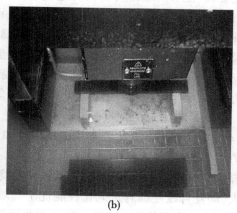
(b)

图 9-8　弯曲蠕变劲度试验

表 9-8　基质和复合改性沥青的低温试验结果

沥青试样	蠕变劲度模量 S/MPa			蠕变曲线斜率 m		
	−12 ℃	−18 ℃	−24 ℃	−12 ℃	−18 ℃	−24 ℃
基质沥青	101.4	275.0	649.0	0.401	0.307	0.247
复合改性沥青	85.7	191.0	537.0	0.442	0.335	0.266

从试验结果可以得出,随着温度的降低,复合改性沥青的劲度模量 S 值相比基质沥青的 S 值均是减小的,且三种温度条件下的下降比例分别为 15.6%、30.5%、17.3%。因为劲度模量 S 评价的是沥青柔韧性程度,所以纳米碳酸钙、纳米氧化锌及丁苯橡胶改性剂的加入使基质沥青在低温条件下的松弛能力得到改善,并且使沥青的低温抗裂性能增加。

同时,从蠕变曲线斜率 m 值的试验结果也可以得出,基质沥青和复合改性沥青的 m 值随着温度的降低而逐渐减小,并且复合改性沥青的蠕变曲线斜率 m 值降低程度比基质沥青的要大。复合改性沥青的 m 值分别为 0.442、0.335、0.266,基质沥青的 m 值为

0.401、0.307、0.247,复合改性沥青相比基质沥青分别提高了10.2%、9.1%、7.8%。说明在基质沥青里掺加纳米碳酸钙、纳米氧化锌和丁苯橡胶在低温条件下不容易产生由温度收缩变形引起的拉应力,对沥青具有较好的改善低温抗裂性能。

结合以上对蠕变劲度模量 S 和蠕变曲线斜率 m 的分析,得出了纳米碳酸钙、氧化锌及丁苯橡胶作为改性剂对基质沥青的低温性能有改善作用,这也与第3章确定的4%纳米碳酸钙+5%纳米氧化锌+4%丁苯橡胶最佳组合得出的延度结果是一致的。

9.4　本章小结

通过对基质沥青和复合改性沥青的老化试验、旋转黏度试验、动态剪切试验和弯曲蠕变劲度试验的研究,得出的结论如下:

(1)纳米碳酸钙、纳米氧化锌和丁苯橡胶的加入使基质沥青的质量损失减小,残留针入度比提高,能够有效地防止沥青老化,提高抗老化性能。

(2)复合改性沥青能够有效地改善沥青的黏度,黏度的提高能够使沥青加入混合料中增强其抗剪切变形的能力,同时其抵抗车辙的能力也增大。因此,纳米碳酸钙、纳米氧化锌及丁苯橡胶的加入有利于提高沥青的高温性能。

(3)纳米碳酸钙、纳米氧化锌及丁苯橡胶的添加能够有效地抵抗车辙的变形,抵抗车辙能力越强,沥青的高温性能越好,因此复合改性材料的加入提高了基质沥青的高温性能。

(4)由 $\lg G^* - \lg \omega$ 变化图和主曲线图可知,两种沥青的 G^* 值与 ω 呈正相关态势,与温度呈负相关态势,纳米碳酸钙、纳米氧化锌及丁苯橡胶复合改性沥青在高低频区均有较好的高温抗变形性能。短期老化后,复数模量均出现明显增长的趋势,复合改性沥青增长幅度较大,即复合改性沥青抗老化性能优于基质沥青,再次验证了温度扫描结果的准确性。

(5)通过对蠕变劲度模量 S 和蠕变曲线斜率 m 的分析,得出了纳米碳酸钙、氧化锌及丁苯橡胶作为改性剂对基质沥青的低温性能有改善作用。

第 10 章　复合改性沥青机制分析

　　通过第 3 章对三种材料的常规性能分析,以及正交试验的组合确定了最佳掺量的组合比例 4%纳米碳酸钙+5%纳米氧化锌+4%丁苯橡胶,又通过第 4 章的老化试验、旋转黏度试验、高温性能(DSR)试验及低温性能(BBR)试验分析了这三种材料的加入对于提高基质沥青的各项性能有显著的作用。之所以复合改性沥青比基质沥青的各项性能有所提升,主要是由于纳米材料及丁苯橡胶的加入改变了沥青与材料之间的共混机制,也改变了沥青的内部分子结构和沥青官能团的变化。因此,对改性后的沥青进一步进行微观研究就显得很重要了。

　　随着对试验微观机制的重视程度越来越高,目前,随着世界先进仪器的普及,不少研究学者需要采用世界先进微观仪器对沥青进行各种微观手段的研究。例如,有些学者采用扫描电镜分析改性沥青中外掺剂与基质沥青的结合情况及其形貌特征,采用红外光谱分析是否有新官能团生成以及沥青与外掺剂之间发生的变化,采用凝胶渗透色谱分析,不同外掺剂的改性沥青的分散系数、分子量的变化规律,以研究沥青的热稳定和分布特征,采用差示扫描量热分析对物质内部随温度和时间相转变的热流进行测量,以反映沥青材料在一定温度范围内聚集态的变化情况等,对多维多尺度纳米材料改性后沥青的特征形貌是否有化学基团生成,分子量和分布特征及热稳定进行研究[113]。有的通过荧光显微镜、扫描电镜、红外光谱对纳米氧化锌和丁苯橡胶改性后的热稳定性、粒子分布和官能团变化等进行研究[114-115]。有学者通过对薄膜烘箱和压力老化仪对胶粉复合改性沥青进行不同程度的热氧老化,分析胶粉复合改性沥青的车辙因子、疲劳因子在不同热氧老化程度下的变化[116]。还有些学者利用力学原理和原子显微镜(AFM),或者采用扫描隧道显微镜、纳米刻痕器等对改性后沥青和沥青混合料进行研究分析[117-118]。

　　结合上述分析,本章采用两种微观仪器——扫描电子显微镜(简称扫描电镜)和红外光谱,对改性后的沥青进行试验。扫描电子显微镜(SEM)主要分析复合改性沥青中纳米材料、丁苯橡胶与基质沥青的结合情况,以及它们的形貌。红外光谱(IR)主要分析复合改性沥青的共混机制,看有没有新官能团生成。通过这两个试验的分析,以此来探讨基质沥青与改性剂之间的相互作用和之间的相互影响。

10.1　扫描电镜(SEM)试验

10.1.1　试验原理

　　由于沥青具有随温度升高而缓慢延伸的特点,普通电子显微镜的观察能力受限,试验要想进行纳米级的材料分布分析,优选扫描电子显微镜(简称扫描电镜)进行试验观测。扫描电镜的工作原理为扫描电子显微镜的电子枪发射电子束,电子束通过加速电压区域,在高速下通过磁透镜发生汇聚,后通过偏转线圈作用范围照射到样品表面,电子束在样品表面出现光栅状的扫描,扫描发生时电子撞击样品表面并出现信号电子,精密探测器捕捉收集出现的信号电子转换为光子,通过电信号放大器放大这些光子,电子束探针聚焦于样品表面,逐点扫描将激发出可以反映样品表面形貌、结构、组成等信息的电子信号,最后在显示器上实现成像。其观测放大倍数可达到纳米级,与一般光学显微镜相比,该试验仪器分辨率比较高,可以将试验样品放大到几十万倍,甚至可以达到对沥青结构进行纳米层面的观测与研究,最后得到有立体感的成像,更便于观察材料微观形貌。

该试验仪器是用郑州大学实验室从日本引进的型号为 JSM-7500F 的场发射扫描电镜(见图 10-1),该扫描电镜首先因它能够用很低的电子束能量打在沥青的表面,形成观测图像;其次,它能够将材料放大到纳米级别的倍数,去观察材料的形貌和分布情况,这是普通显微镜所不能相比的。

先通过对基质沥青、纳米碳酸钙改性沥青、纳米氧化锌改性沥青和丁苯橡胶改性沥青这四种沥青的对比分析,来判断单种材料在基质沥青中的分布情况,以及和沥青的结合情况,再对复合改性沥青进行微观观察,可以更好地区分这三种材料复合在一起后与沥青的结合情况以及分布情况。除此之外,通过对这几种沥青的微观结构分析,可以比较它们之间微观结构的差异性,以及可能存在的各种基团之间的作用力,以此来判断材料与沥青之间是化学结合,还是物理结合。

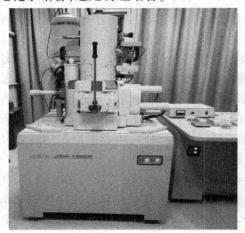

图 10-1　扫描电子显微镜

10.1.2　试验方法

沥青 SEM 试样的制备直接影响纳米碳酸钙、纳米氧化锌和丁苯橡胶与基质沥青结合处的观测结果。具体制备步骤如下:首先,将改性沥青和基质沥青放入 160 ℃的鼓风干燥箱中加热至熔融状态,之后将沥青从干燥箱中取出,用勺子浇筑在延度八字试模中制备成小样品,尺寸约为 10 mm×10 mm×2 mm;然后待样品冷却到室温之后,达到已经凝结的状态,去掉试模,把样品放入冷冻箱中进行冷却,此过程需使试样保证整洁干净;等到进行电镜试验时,从冷冻箱中取出放到承台上,固定好位置,用小刀切取一小块样品(具体大小根据试验时放在载物台上数量的多少)放在粘有导电胶的载物台上,再用导电胶固定样品(也是为了试验时更好地导电),使试验结果更准确;最后由于沥青的绝缘性质,需对试验采用真空法镀金,真空镀金结束后,把沥青试样放置到扫描电镜中进行后续观察区。具体试验照片如图 10-2 所示。

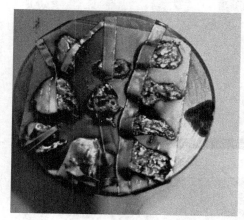

图 10-2　试样制备

10.1.3　试验结果分析

基质沥青的试验结果如图 10-3 所示。

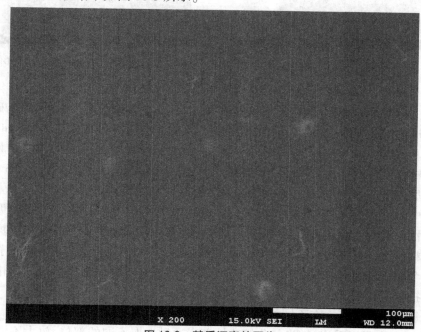

图 10-3　基质沥青的图像

从图 10-3 可以看出,基质沥青的微观形貌是分布均匀的沥青相。基质沥青被放大 200 倍后,它的图像没有出现其他物质或颗粒,而且图像表面是光滑均匀的。这也说明选用的基质沥青是比较干净、纯粹的。这对于后期和纳米碳酸钙、纳米氧化锌、丁苯橡胶以及复合改性沥青的图像对比是很有好处的。

纳米碳酸钙改性沥青在不同放大倍数下的试验图像如图 10-4 所示。

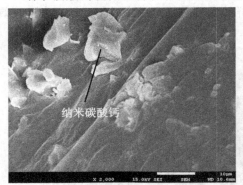
(a)纳米碳酸钙放大2 000倍

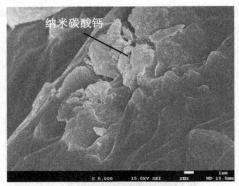
(b)纳米碳酸钙放大5 000倍

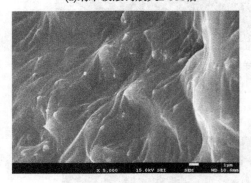
(c)纳米碳酸钙放大5 000倍

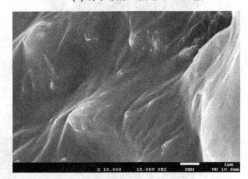
(d)纳米碳酸钙放大10 000倍

图 10-4　不同放大倍数的图像

　　从图 10-4 中可以看出,黑色连续相是沥青,颗粒是复合无机纳米材料,纳米碳酸钙改性沥青通过选取不同部位,放大不同的倍数,可以发现,有些部位放大 2 000 倍和 5 000 倍后[见图 10-4(a)、(b)],纳米碳酸钙出现了少量的团聚现象,这也反映出了前期使用的高速剪切机改性纳米材料的效果没有达到 100%,不过通过选取其他部位放大 5 000 倍和 10 000 倍后[见图 10-4(c)、(d)],可以看出,经过高温剪切改性后的无机纳米材料复合改性沥青中的复合活化后的纳米碳酸钙以粒径一致的颗粒均匀地分散在基质沥青中,表明经过改性后的纳米碳酸钙能够均匀地分散在沥青当中,并且有些被沥青包裹在里边。由于纳米粒子本身具有的一些特性使粒子的活性变得非常活跃,与沥青中的分子相结合,形成了一个比较稳定的网状结构,这也使纳米碳酸钙粒子与沥青分子形成连续相,增加了整体结构抵抗荷载的能力,提高了热稳定性。

　　纳米氧化锌改性沥青在不同放大倍数下的试验图像如图 10-5 所示。

　　从图 10-5 中可以看出,纳米氧化锌改性沥青通过选取不同的部位,放大不同的倍数,从图 10-5(a)放大的 2 000 倍中不难发现,纳米氧化锌在沥青中也出现了少量的团聚现象,但是整体分散的效果还是很好的;从图 10-5(b)中就可以看出,在放大 10 000 倍后,纳米氧化锌均匀地分散在沥青中,而且纳米氧化锌在纳米级范围。此外,与纳米碳酸钙有点相似的是,纳米氧化锌也与沥青形成了一种网状结构,这可能是由于高速剪切机的高速搅

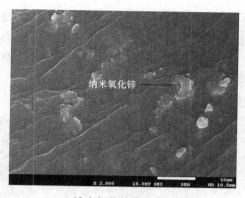
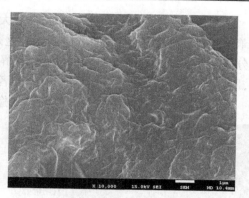

(a)纳米氧化锌放大2 000倍　　　　　　　　(b)纳米氧化锌放大10 000倍

图 10-5　不同放大倍数的图像

拌使纳米氧化锌粒子的结构被破坏,增大了粒子的表面活性,使它与沥青界面更加紧密地结合在一起。同时,由于纳米氧化锌粒子的破坏,其本身的官能团和共价键等化学结构发生变化,让改性后的沥青的黏韧性增强,从而也改善了沥青路用性能。

　　丁苯橡胶改性沥青在不同放大倍数下的试验图像如图 10-6 所示。

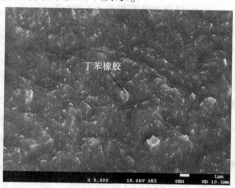

(a)丁苯橡胶放大2 000倍　　　　　　　　(b)丁苯橡胶放大5 000倍

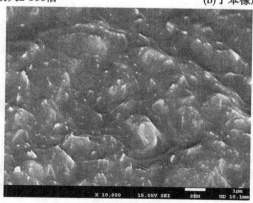

(c)丁苯橡胶放大10 000倍

图 10-6　不同放大倍数的图像

从图 10-6 中可以看出,丁苯橡胶在放大 2 000 倍、5 000 倍和 10 000 倍后,可以发现丁苯橡胶在沥青中的分布是相当均匀的,这是因为剪切作用的影响。虽然丁苯橡胶均匀地分散在沥青中,但是它并不能完全地溶解在其中,而是以弹性粒子的状态填充在沥青中,所以表面看起来有点凹凸不平,不过两者的共混效果还是很好的。

复合改性沥青在不同放大倍数下的试验图像如图 10-7 所示。

 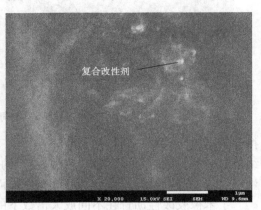

(a)复合改性沥青放大5 000倍   (b)复合改性沥青放大20 000倍

图 10-7　不同放大倍数的图像

从图 10-7(a)中可以看出,复合改性沥青在放大 5 000 倍时,纳米碳酸钙和氧化锌以及丁苯橡胶掺加在一起时,要比纳米碳酸钙和氧化锌单独掺入时剪切的效果好。再通过观察图 10-7(b)放大 20 000 倍后,可以明显地看出三种材料基本完全和沥青融合在一起,而且相比前三种材料单独掺加时,复合改性后的沥青已看不出界面的分层,这是三种材料相互作用和相互影响的结果。纳米碳酸钙和纳米氧化锌形成的网状结构结合丁苯橡胶粒子的填充,使这种结构的稳定性变得更好,使改性剂和基质沥青之间的连接变得更平顺,这也是让复合改性沥青的整体性质变得更好的原因。

10.2　红外光谱(IR)试验

10.2.1　试验原理

试验原理以及试验仪器已经在第 2 章的 2.2.3 和 2.3.1 中详细描述。

10.2.2　试验方法

为研究表面修饰后的纳米碳酸钙和纳米氧化锌与丁苯橡胶混合加在基质沥青中后,它们之间是不是已经发生反应,采用红外光谱的分析方法对其进行了微观分析。具体的试验步骤如下:

(1)首先将基质和改性沥青放入鼓风干燥箱中以 145 ℃加热至熔融状态。

(2)之后用小铁勺取少量加热过的基质和改性沥青分别滴到载玻片上。

（3）接着用镊子夹起滴有沥青的载玻片放入鼓风干燥烘箱中进行加热,让沥青均匀的分散在载玻片上,如图 10-8 所示。

（4）最后,将分散均匀的试样放在干燥器中冷却到室温,等待进行红外光谱试验。

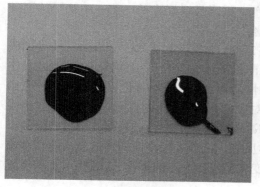
(a)基质沥青试样

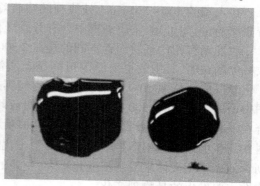
(b)改性沥青试样

图 10-8　沥青试验试样

10.2.3　试验结果分析

为了便于分析,把基质沥青、复合改性沥青以及三种材料单独改性的红外光谱图绘制在了一起,其试验结果如图 10-9 所示。

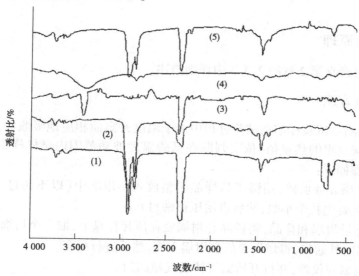

（1）基质沥青；（2）丁苯橡胶改性沥青；（3）纳米碳酸钙改性沥青；
（4）纳米氧化锌改性沥青；（5）复合改性沥青。

图 10-9　复合改性沥青红外光谱

图 10-9 中可以明显看出,基质沥青在波数 $2\,300\sim2\,500\ \mathrm{cm}^{-1}$ 以及 $2\,700\sim3\,000\ \mathrm{cm}^{-1}$ 出现显著的特征峰值,产生原因可能是烷烃以及环烷烃中的 C—H 键产生伸缩振动。在

1 780~2 200 cm^{-1} 的波数区间内,红外光谱图未显示明显特征峰。在 1 486 cm^{-1} 和 1 378 cm^{-1} 处均产生了中强度的伸缩振动峰,其产生原因可能为不对称基团和对称的甲基(—CH$_3$—)中的 C—H 键弯曲振动,其中不对称基团的吸光效果要强于对称基团吸光效果。在末端的 500~750 cm^{-1} 处找到的吸收峰产生原因是烯烃中的═C—H 基团的面外弯曲摆动,由此可知,基质沥青中含有芳香烃化合物。

改性沥青相比基质沥青不同的是在 2 300~2 500 cm^{-1} 以及 2 700~3 000 cm^{-1} 处的吸收峰渐渐减弱,其中的主要原因可能是基质沥青和掺加的改性剂中的羟基(—OH)发生了化学反应。从图 10-9 中的(3)纳米碳酸钙改性沥青和(4)纳米氧化锌改性沥青的光谱图中可以发现,在 3 300~3 500 cm^{-1} 的吸收峰对比(5)复合改性沥青光谱图,可以看出混合在一起后,该处的吸收峰消失了,这些峰值的减弱和消失说明经过表面处理过的纳米材料在高速剪切的作用下与基质沥青发生了化学反应。丁苯橡胶改性沥青的光谱图和基质沥青的光谱图大体来看基本变化不大,主要的变化是强度大小的不同,这说明了丁苯橡胶改性主要发生的是物理变化。

结合上述分析,在基质沥青中掺入纳米氧化锌、纳米碳酸钙和丁苯橡胶改性剂后制备复合改性沥青的过程中,与经过表面修饰后的纳米材料主要发生了化学反应,同时又与丁苯橡胶聚合物材料发生着物理变化,物理变化表现为官能团种类几乎保持不变,发生变化的仅仅是官能团的含量。

10.3　差示扫描量热分析

10.3.1　试验原理

试验原理已经在第 2 章的 2.3.3 中详细描述。

10.3.2　试验方法

利用 DSC,测定试验样本在试验过程中由于温度升高而相应地吸收的热量值或由于温度降低而对应放出的热量值,依次判断在试验温度波动范围内试样样本的热稳定性。具体的试验步骤如下:

(1)将样品碾碎或剪碎,用镊子将样品平整放入小坩埚中(以不超过 1/3 容积约 10 mg 为好,盖子上要先扎个小眼,然后再用压机密封)。

(2)依次称量坩埚和样品,将样品和坩埚放在压片托盘上,取一个坩埚盖并用针头扎眼,以保证坩埚内外通气,将坩埚盖放在坩埚上面,然后进行压合。

(3)打开电脑与仪器,并打开所需气体的气瓶阀门。

(4)输入试验参数,如起始温度、终止温度、升温速率等参数,将样品放入炉腔中传感器的相应位置,开始进行测量。

(5)测量完成后,进行数据分析。

10.3.3　试验结果分析

为进一步探究复合改性沥青的作用机制,本节进一步对基质沥青和复合改性沥青进行对比分析。沥青随着温度的增加,其状态会从玻璃态转变到黏弹态再转变到黏流态,这三种状态的转变与沥青组分有着密切关系。沥青由沥青质、胶质、饱和分和芳香分四个组分组成,沥青的高低温性能、流变性等性能与四组分的性质存在相关性。沥青的固体状态就是玻璃态,沥青为液态时,就是沥青的黏流态,当沥青处于固态和液态之间时就是黏弹态。这些状态的转变是由沥青的组分状态改变所引起的,不同温度不同组分固液转变的量也不一样,沥青的高低温性能也有差别。

　　差示扫描量热法(Differential Scanning Calorimetry, DSC)是指程序温度控制下,测量输入到试样与掺和物的能量差与温度的关系。试验仪器是由瑞士梅特勒托利多公司生产的 TGA/DSC-1 同步热分析仪,温度升高速率为 10 ℃/min,温度范围为 0~100 ℃,如图 10-10 所示。基质沥青和复合改性沥青的差示扫描量热分析图如图 10-11 所示。

图 10-10　同步热分析仪

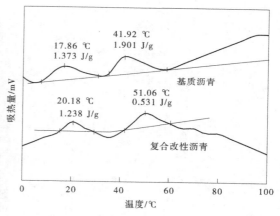

图 10-11　沥青差示扫描量热分析图

　　由图 10-11 可以看出,基质沥青和复合改性沥青均存在两个吸收峰,一个在低温区,一个在高温区。对比两个曲线图可以发现,复合改性沥青的两个吸收峰的强度均小于基质沥青的吸收峰,复合改性沥青的总吸热量均小于基质沥青的总吸热量。这说明无机纳米材料和丁苯橡胶的加入改变了基质沥青中发生相态转变的量,导致沥青的吸热量较小。究其原因可知,无机纳米材料与沥青的结合是因为沥青中某个组分与纳米材料的结合能力较强,这就导致沥青中某个组分的含量会改变,并限制了这种组分的相态转变。沥青中沥青质是极性最强也是分子量最大的组成部分,是沥青胶体的基团核心,决定着沥青的黏度,直接影响沥青的各项性质。由沥青胶体理论可知,沥青质是分散相,胶质是胶溶剂,油分是分散介质。无机纳米材料的加入,使得基质沥青的组分发生变化,一部分无机纳米材料处于胶束中心作为沥青质存在,形成沥青质的质量增加,芳香分的质量减少。而沥青质的增加必然导致沥青的高温性能得到改善,这与软化点试验和沥青混合料高温性能试验数据所反映出的沥青高温性能变化趋势一致。

10.4　本章小结

(1)扫面电镜试验的结果说明,纳米碳酸钙和纳米氧化锌形成的网状结构结合丁苯橡胶粒子的填充,使这种结构的稳定性变得更好,使改性剂和基质沥青之间的连接也变得更平顺,从而使复合改性沥青的整体性质变得更好。

(2)红外光谱的试验结果说明,复合改性沥青制备的过程中与经过表面修饰后的纳米材料主要发生了化学反应,同时又与丁苯橡胶聚合物材料发生着物理变化。

(3)差示扫描热分析的试验结果说明,复合改性沥青制备的过程中无机纳米材料和丁苯橡胶的加入改变了基质沥青中发生相态转变的量,导致沥青的吸热量较小。

第 11 章　沥青混合料配合比设计

作为道路面层的主要材料,沥青混合料同沥青一样具有黏弹性,在实际使用过程中会受到车辆荷载外力和自然环境产生的各种应力,所以沥青混合料在各种路用性能方面都需要具有较好的性能,以保证沥青路面优良的服务功能。

基于前文对不同种类沥青进行全方位基本性能的测试,本章选取最佳掺量下的纳米碳酸钙、纳米氧化锌及丁苯橡胶复合改性沥青以及基质沥青制备两种混合料,成型各试验所需的试件,全面评价纳米碳酸钙、纳米氧化锌及丁苯橡胶复合改性沥青的高温稳定性、低温抗裂性、抗水损害性及疲劳抵抗性,对比分析改性剂的加入对沥青混合料路用性能的影响。

原材料的性能直接影响路面的功能性和使用寿命,因此需要对试验原材料包括沥青、集料、矿粉等进行性能检测。基质沥青、纳米碳酸钙、纳米氧化锌、丁苯橡胶材料性能见 2.1 原材料。沥青混合料是一种由沥青结合料及各种矿料组成的复合材料,每个组成部分的质量与比例,甚至混合料的制备过程对沥青混合料的性能测试都有影响,故以适当的比例选择矿料成为关键第一步。

11.1　粗集料基本性能试验研究

11.1.1　沥青混合料用粗集料技术指标

《公路沥青路面施工技术规范》(JTG F40—2004)[119]对沥青混合料用粗集料质量技术的要求有压碎值、洛杉矶磨耗损失、表观相对密度、吸水率、针片状颗粒含量等。其中,压碎值和洛杉矶磨耗率是检验粗集料是否能用于制备沥青混合料的强制性指标。

11.1.2　天然粗集料压碎值试验

按照《公路工程集料试验规程》(JTG E42—2005)[120]对天然粗集料进行压碎值试验。

试验仪器:

(1)压碎值试验仪 1 台。

(2)压碎值试模。由钢制的内径 150 mm 且两端开口的圆形筒、压柱和底板三部分组成,共需 6 个。

试验流程如下:

(1)将 10~15 mm 天然集料用 13.2 mm、9.5 mm 方孔筛过筛,制备 9.5~13.2 mm 天然骨料 9 kg,将试样分 3 组,每组 3 kg。

(2)将试样分 3 次装入试模(每次装入体积大致相同),每次装入后用金属棒捣实 25 次,第 3 次捣实后用金属刀刮平,称取筒中质量 m_0,将试模放到压力机上,压头水平放入试筒内。

（3）启动压力机，均匀施加加载，在 10 min 左右时间内达到总荷载 400 kN，稳压 5 s 后卸荷。

（4）将试模从压力机上取下，给试样脱模。把压碎后的试样用 2.36 mm 规格标准方孔筛筛分经压碎的全部试样，可分几次筛分，均需筛至在 1 min 内没有明显的筛出物为止。得到通过筛孔的全部细料质量 m_1。

$$Q'_a = \frac{m_1}{m_0} \times 100\% \qquad (11-1)$$

式中　Q'_a——粗集料压碎值(%)；

　　　m_0——试验前试样质量，g；

　　　m_1——试验后通过 2.36 mm 筛孔的细料试样质量，g。

11.1.3　天然粗集料洛杉矶磨耗率试验

按照《公路工程集料试验规程》(JTG E42—2005)[120]对天然粗集料进行洛杉矶磨耗率试验。

试验仪器：DM-Ⅱ型数显洛杉矶磨耗试验仪，由北京高铁建科技发展有限公司生产。该仪器相关参数为：两端封闭的圆筒内径×内长：(710±5) mm×(510±5) mm；转速为(32±3) r/min；钢球直径约 46.8 mm，质量为 390~445 g。进料口钢盖与钢瓶由紧固螺栓和橡胶垫紧密密封。

本书用 5~10 mm、10~15 mm 两种粒径天然粗集料进行研究，介于表 11-1 中粒度类别的 C，选择用 5 kg 试样、8 个钢球进行试验。

试验流程如下：

（1）取料：称取 5~10 mm、10~20 mm 天然集料 5 000 g，以上集料一起装入磨耗机，总质量记为 m_1。

（2）装入钢球，将筒盖盖好并紧固密封。

（3）把计数器归零，设定回转次数为 500 转，开动磨耗机。

（4）试验结束后取出钢球，将经过磨耗后的试样倒入搪瓷盘，经 1.7 mm 的方孔筛过筛，用水冲干净留在筛上的碎石，置(105±5)℃烘箱中烘干 4 h 至恒重，准确称量记为 m_2。

$$Q = \frac{m_1 - m_2}{m_1} \times 100\% \qquad (11-2)$$

式中　Q——洛杉矶磨耗损失(%)；

　　　m_1——装入圆筒中试样质量，g；

　　　m_2——试验后在 1.7 mm 筛上洗净烘干的试样质量，g。

11.1.4　天然粗集料吸水率及密度试验

按照《公路工程集料试验规程》(JTG E42—2005)[120]对天然粗集料用网篮法进行毛体积密度试验。

表 11-1 粗集料洛杉矶试验条件

粒度类别	粒径组成/mm	试验质量/g	试验总质量/g	钢球数量/个	钢球总质量/g	转动次数/转	适用的粗集料	
							规格	公称粒径/mm
A	26.5~37.5	1 250±25	5 000±10	12	5 000±25	500		
	19.0~26.5	1 250±25						
	16.0~19.0	1 250±10						
	9.5~16.0	1 250±10						
B	19.0~26.5	2 500±10	5 000±10	11	4 850±25	500	S6	15~30
	16.0~19.0	2 500±10					S7	10~30
							S8	10~25
C	9.5~16.0	2 500±10	5 000±10	8	3 320±20	500	S9	10~20
	4.75~9.5	2 500±10					S10	10~15
							S11	5~15
							S12	5~10
D	2.36~4.75	5 000±25	5 000±10	12	5 000±25	1 000	S13	3~10
							S14	3~5
E	63~75	2 500±50	10 000±100	12	5 000±25	1 000	S1	40~75
	53~63	2 500±50					S2	40~60
	37.5~53	5 000±50						
F	37.5~53	5 000±50	10 000±75	12	5 000±25	1 000	S3	30~60
	26.5~37.5	5 000±50					S4	25~50
G	26.5~37.5	5 000±50	10 000±75	12	5 000±25	1 000	S5	20~40
	19~26.5	5 000±50						

试验流程如下：

（1）根据表 11-2 选择最小试样质量。取一份集料试样浸泡在水中,在容器中用水浸泡 24 h,浸泡过程中搅动粗集料,使气泡完全溢出。

表 11-2 粗集料毛体积最小试样质量

公称最大粒径/mm	4.75	9.5	16	19	26.5	31.5	37.5	63	75
试样最小质量/kg	0.8	1	1	1	1.5	1.5	2	3	3

（2）将吊篮挂在电子秤的挂钩上,浸入溢流槽中。向溢流罐内注水,直至水面高度达到溢流孔。电子秤归零。

（3）调节水温至 20 ℃,将试样放入吊篮中,由于有溢流孔的控制,水槽中的水面高度维持不变,称取粗集料在水中的质量 m_w。

(4)提起吊篮,把粗集料倒在拧干的湿毛巾上,并用其轻轻吸干集料颗粒表面的水,使集料达到饱和面干状态,即表面无明显水迹,称取粗集料的表干质量 m_f。

(5)待粗集料在(105±5)℃的烘箱中烘干至恒重,取出放在带盖的容器中冷却至室温,称取粗集料的烘干质量 m_a。根据式(11-3)计算粗集料毛体积密度。

$$\gamma_b = \frac{m_a}{m_f - m_w} \tag{11-3}$$

$$\gamma_a = \frac{m_a}{m_a - m_w} \tag{11-4}$$

$$\omega_x = \frac{m_f - m_w}{m_a} \times 100\% \tag{11-5}$$

式中　γ_b——粗集料毛体积相对密度,无量纲;

　　　γ_a——粗集料表观相对密度,无量纲;

　　　ω_x——粗集料毛吸水率(%);

　　　m_a——粗集料烘干质量,g;

　　　m_f——粗集料表干质量,g;

　　　m_w——粗集料水中质量,g。

11.1.5　天然粗集料<0.075 mm 颗粒含量试验

按照《公路工程集料试验规程》(JTG E42—2005)[120]对天然粗集料进行粒径<0.075 mm 颗粒含量试验。

试验流程如下:

(1)根据表 11-3 选择最小试样质量。称取试样 1 份(m_0)装入容器内,加水,浸泡 24 h,用手在水中淘洗颗粒(或用毛刷洗刷),使尘屑、黏土与较粗颗粒分开,并使之悬浮于水中;缓缓地将浑浊液倒入 1.18 mm 及 0.075 mm 的套筛上,滤去粒径小于 0.075 mm 的颗粒。试验前筛子的两面应先用水湿润,在整个试验过程中,应注意避免粒径大于 0.075 mm 的颗粒丢失。

表 11-3　粗集料所需最小试样质量

公称最大粒径/mm	4.75	9.5	16	19	26.5	31.5	37.5	63	75
试样最小质量/kg	1.5	2	2	6	6	10	10	20	20

(2)再次加水于容器中,重复上述步骤,直到洗出的水清澈。

(3)用水冲洗余留在筛上的细粒,并将 0.075 mm 筛放在水中(使水面略高于筛内颗粒)来回摇动,以充分洗除粒径小于 0.075 mm 的颗粒。而后将两只筛上余留的颗粒和容器中已经洗净的试样一并装入浅盘,置于温度为(105±5)℃的烘箱中烘干至恒重,取出冷却至室温后,称取试样的质量(m_1)。

$$Q_n = \frac{m_0 - m_1}{m_0} \times 100\%$$ （11-6）

式中　Q_n——粒径<0.075 mm 颗粒含量(%);

　　　m_0——粗集料试验前烘干质量,g;

　　　m_1——粗集料试验后烘干质量,g。

11.1.6　天然粗集料针片状颗粒含量试验

按照《公路工程集料试验规程》(JTG E42—2005)[120],用游标卡尺法对天然粗集料进行针片状颗粒含量试验。

试验流程如下:

(1)对每一种规格的粗集料,应按照不同的公称粒径,分别取样检验。

(2)将试样平摊于桌面上,首先用目测挑出接近立方体的颗粒,剩下可能属于针状(细长)和片状(扁平)的颗粒。

(3)按图 11-1 所示的方法将欲测量的颗粒放在桌面上成一稳定的状态,图 11-1 中颗粒平面方向的最大长度为 L,侧面厚度的最大尺寸为 t,颗粒最大宽度为 $\omega(t<\omega<L)$,用卡尺逐颗测量石料的 L 及 t,将 $L/t \geqslant 3$ 的颗粒(最大长度方向与最大厚度方向的尺寸之比大于 3 的颗粒)分别挑出作为针片状颗粒。称取针片状颗粒的质量 m_1,准确至 1 g。

注意:稳定状态是指平放的状态,不是直立状态,侧面厚度的最大尺寸 t 为图中状态的颗粒顶部至平台的厚度,是在最薄的一个面上测量的,但并非颗粒中最薄部位的厚度。

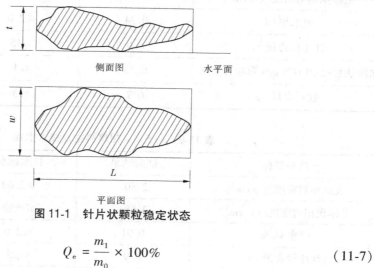

图 11-1　针片状颗粒稳定状态

$$Q_e = \frac{m_1}{m_0} \times 100\%$$ （11-7）

式中　Q_e——针片状颗粒含量(%);

　　　m_1——试验用的集料总质量,g;

　　　m_0——针片状颗粒质量,g。

由上述粗集料的基本性能试验测试可得,各项技术指标见表 11-4~表 11-6。

表 11-4　10~15 mm 粗集料主要技术指标

试验指标	试验结果	技术标准	试验方法
石料压碎值/%	18.4	≤26	T0316
洛杉矶磨耗率/%	16.3	≤28	T0317
表观相对密度/(g/cm^3)	2.828	≥2.60	T0304
毛体积相对密度/(g/cm^3)	2.713	实测值	—
吸水率/%	0.53	≤2.0	T0304
针片状含量/%	7.3	≤15	T0312
水洗法粒径<0.075 mm 颗粒含量/%	0.64	≤1	T0310
软石含量/%	0.9	≤3	T0320

表 11-5　5~10 mm 粗集料主要技术指标

试验指标	试验结果	技术标准	试验方法
石料压碎值/%	16.4	≤26	T0316
洛杉矶磨耗率/%	18.2	≤28	T0317
表观相对密度/(g/cm^3)	2.817	≥2.60	T0304
毛体积相对密度/(g/cm^3)	2.698	实测值	—
吸水率/%	0.74	≤2.0	T0304
针片状含量/%	8.6	≤15	T0312
水洗法粒径<0.075 mm 颗粒含量/%	0.73	≤1	T0310
软石含量/%	0.7	≤3	T0320

表 11-6　3~5 mm 粗集料主要技术指标

试验指标	试验结果	技术标准	试验方法
表观相对密度/(g/cm^3)	2.802	≥2.60	T0304
毛体积相对密度/(g/cm^3)	2.684	实测值	—
吸水率/%	0.91	≤2.0	T0304
针片状含量/%	8.9	≤15	T0312
水洗法粒径<0.075 mm 颗粒含量/%	0.68	≤1	T0310
软石含量/%	0.5	≤3	T0320

11.2　细集料基本性能试验研究

11.2.1　天然细集料表观相对密度试验

按照《公路工程集料试验规程》(JTG E42—2005)[120]对天然细集料进行表观相对密度试验。

试验仪器：

(1)天平 1 台,称量 1 kg,感量不大于 1 g。

(2)500 mL 的容量瓶及烧杯。

(3)烘箱,能控温在(105±5)℃。

试验流程如下：

(1)称取烘干的试样约 300 g(m_0),装入盛有半瓶洁净水的容量瓶中。

(2)摇转容量瓶,使试样在已保温至(23 ±1.7)℃的水中充分搅动以排除气泡,塞紧瓶塞,在恒温条件下静置 24 h 左右,然后用滴管添水,使水面与瓶颈刻度线平齐,再塞紧瓶塞,擦干瓶外水分,称其总质量(m_2)。

(3)倒出瓶中的水和试样,将瓶的内外表面洗净,再向瓶内注入同样温度的洁净水(温差不超过 2 ℃)至瓶颈刻度线,塞紧瓶塞,擦干瓶外水分,称其总质量(m_1)。

注意:在砂的表现密度试验过程中应测量并控制水的温度,试验期间的温差不得超过 1 ℃。

$$\gamma_a = \frac{m_0}{m_0 + m_1 - m_2} \tag{11-8}$$

式中　γ_a——细集料的表观相对密度,无量纲;

　　　m_0——细集料的烘干试样质量,g;

　　　m_1——水及容量瓶的总质量,g。

11.2.2　天然细集料毛体积相对密度试验

按照《公路工程集料试验规程》(JTG E42—2005)[120]对天然细集料用塌落桶法进行毛体积密度试验。

试验流程如下：

(1)将试样用 2.36 mm 标准筛过筛,除去粒径大于 2.36 mm 的颗粒,装入容器,每份试样质量约 500 g。

(2)注入洁净水,使水面高出试样表面 20 mm 左右,用玻璃棒连续搅拌 5 min,以排除气泡,静置 24 h。

(3)将试样上部的水倒出并在盘中摊开,用吹风机一边缓慢吹入暖风一边不断翻拌,均匀蒸发掉集料表面的水,使集料达到估计的饱和面干状态。

(4)将试样装入饱和面干试模中,用捣棒轻捣 25 次,在捣的过程中捣棒端面距试样表面距离≤10 mm,使捣棒自由落下,注意捣完后把模口刮平。

（5）从垂直方向徐徐提起试模,当试样坍落 1/3 左右时,即为饱和面干状态。

（6）称取饱和面干试样约 300 g 计为 m_3,将试样迅速放入容量瓶后加洁净水至约 450 mL 刻度处,转动容量瓶排除气泡,加水至 500 mL 刻度处,擦干瓶外水分,称其总质量 m_2。

（7）全部倒出细集料试样,洗净瓶内外,用水加至 500 mL 刻度处,擦干瓶外水分,称其总质量 m_1。

（8）把倒出的细集料试样置于温度为（105±5）℃的烘箱中烘干至恒重,冷却至室温,然后称得干样的质量 m_0。根据式（11-9）计算细集料毛体积密度。

$$\gamma_b' = \frac{m_0}{m_3 + m_1 - m_2} \tag{11-9}$$

式中　γ_b'——细集料毛体积相对密度,无量纲;

　　　m_1——水、容量瓶总质量,g;

　　　m_2——饱和面干试样、水、容量瓶总质量,g;

　　　m_3——饱和面干试样质量,g。

11.2.3　天然细集料砂当量试验

按照《公路工程集料试验规程》（JTG E42—2005）[120]对天然细集料进行砂当量试验测试。

试验流程如下:

（1）先配置冲洗液。根据需要确定冲洗液的数量,通常一次配制 5 L,约可进行 10 次试验。如试验次数较少,可以按比例减少,但不宜少于 2 L,以减小试验误差。冲洗液的浓度以每升冲洗液中的氯化钙、甘油、甲醛含量分别为 2.79 g、12.12 g、0.34 g 控制。称取配制 5 L 冲洗液的各种试剂的用量:氯化钙 14.0 g,甘油 60.6 g,甲醛 1.7 g。

（2）称取无水氯化钙 14.0 g 放入烧杯中,加洁净水 30 mL,充分溶解,此时溶液温度会升高,待溶液冷却至室温,观察是否有不溶的杂质,若有杂质,必须用滤纸将溶液过滤,以除去不溶的杂质。

（3）倒入适量洁净水稀释,加入甘油 60.6 g,用玻璃棒搅拌均匀后再加入甲醛 1.7 g,用玻璃棒搅拌均匀后全部倒入 1 L 量筒中,并用少量洁净水分别对盛过 3 种试剂的器皿洗涤 3 次,每次洗涤的水均放入量筒中,最后加洁净水至 1 L 刻度线。

（4）将配制的 1 L 溶液倒入塑料桶或其他容器中,再加入 4 L 洁净水或纯净水稀释至（5±0.005）L。该冲洗液的使用期限不得超过 2 周,超过 2 周后必须废弃,其工作温度为（22±3）℃。

试验步骤如下:

（1）用冲洗管将冲洗液加入试筒,直到最下面的 100 mm 刻度处（约需 80 mL 试验用冲洗液）。

（2）把相当于（120±1）g 干料重的湿样用漏斗仔细地倒入竖立的试筒中。

（3）用手掌反复敲打试筒下部,以除去气泡,并使试样尽快润湿,然后放置 10 min。

（4）在试样静止（10±1）min 后,在试筒上塞上橡胶塞堵住试筒,用手将试筒横向水平放置,或将试筒水平固定在振荡机上。

（5）开动机械振荡器,在(30±1)s 的时间内振荡 90 次。用手振荡时,仅需手腕振荡,不必晃动手臂,以维持振幅（230±25）mm,振荡时间和次数与机械振荡器相同。然后将试筒取下竖直放回试验台上,拧下橡胶塞。

（6）将冲洗管插入试筒中,用冲洗液冲洗附在试筒壁上的集料,然后迅速将冲洗管插到试筒底部,不断转动冲洗管,使附着在集料表面的土粒杂质浮游上来。

（7）缓慢匀速向上拔出冲洗管,当冲洗管抽出液面,且保持液面位于 380 mm 刻度线时,切断冲洗管的液流,使液面保持在 380 mm 刻度线处,然后开动秒表,在没有扰动的情况下静置 20 min±15 s。

（8）在静置 20 min 后,用尺量测从试筒底部到絮状凝结物上液面的高度(h_1)。

（9）将配重活塞徐徐插入试筒里,直至碰到沉淀物时,立即拧紧套筒上的固定螺丝。将活塞取出,用直尺插入套筒开口中,量取套筒顶面至活塞底面的高度 h_2,准确至 1 mm,同时记录试筒内的温度,准确至 1 ℃。

（10）按上述步骤进行 2 个试样的平行试验。

注意:①为了不影响沉淀的过程,试验必须在无振动的水平台上进行。随时检查试验的冲洗管口,防止堵塞。②由于塑料在太阳光下容易变得不透明,应尽量避免将塑料试筒等直接暴露在太阳光下,盛试验溶液的塑料桶用毕要清洗干净。

$$SE = \frac{h_2}{h_1} \times 100\% \tag{11-10}$$

式中　SE——试样的砂当量(%);

　　　h_2——试筒中用活塞测定的集料沉淀物的高度,mm;

　　　h_1——试筒中絮凝物和沉淀物的总高度,mm。

11.2.4　天然细集料含泥量试验

按照《公路工程集料试验规程》(JTG E42—2005)[120]对天然细集料通过筛洗法进行含泥量试验测试。

试验流程如下:

（1）取烘干的试样(m_0)一份置于筒中,并注入洁净的水,使水面高出砂面约 200 mm,充分拌和均匀后,浸泡 24 h,然后用手在水中淘洗试样,使尘屑、淤泥和黏土与砂粒分离,并使之悬浮于水中,缓缓地将浑浊液倒入 1.18 ~ 0.075 mm 的套筛上,滤去粒径小于 0.075 mm 的颗粒,试验前筛子的两面应先用水湿润,在整个试验过程中应注意避免砂粒丢失。

注意:不得直接将试样放在 0.075 mm 筛上用水冲洗,或者将试样放在 0.075 mm 筛上后在水中淘洗,以避免误将粒径小于 0.075 mm 的砂颗粒当作泥冲走。

（2）再次加水于筒中,重复上述过程,直至筒内砂样洗出的水清澈。

（3）用水冲洗剩留在筛上的细粒,并将 0.075mm 筛放在水中(使水面略高出筛中砂粒的上表面)来回摇动,以充分洗除粒径小于 0.075 mm 的颗粒;然后将两筛上筛余的颗粒和筒中已经洗净的试样一并装入浅盘,置于温度为(105±5)℃的烘箱中烘干至恒重,冷却至室温,称取试样的质量(m_1)。

$$Q_n = \frac{m_0 - m_1}{m_0} \times 100\% \qquad (11\text{-}11)$$

式中　Q_n——砂的含泥量(%);

$\quad\quad\ m_0$——细集料试验前的烘干试样质量,g;

$\quad\quad\ m_1$——细集料试验后的烘干试样质量,g。

11.2.5　天然细集料棱角性试验

按照《公路工程集料试验规程》(JTG E42—2005)[120]对天然细集料通过流动时间法进行棱角性试验测试。

试验流程如下:

(1)将取来的细集料试样,用 2.36 mm 的标准筛过筛,除去大于最大粒径的部分。

(2)以水洗法除去粒径小于 0.07 mm 的粉尘部分,取 0.075~2.36 mm 的试样约 6 kg放入(105±5)℃烘箱中烘干至恒重,在室温下冷却。

(3)由先前测定试样的表观相对密度 γ_a,用分料器法或四分法将试样分成不少于 5份,按下式计算每份试样所需的质量,称量准确至 0.1 g。

$$Q_n = \frac{1.0 \times \gamma_a}{2.70} \qquad (11\text{-}12)$$

式中　γ_a——细集料试样的表观相对密度,无量纲。

(4)根据试验的细集料规格选择漏斗,对规格 0.075~2.36 mm 的细集料,选用漏出孔径为 12 mm 的漏斗,将漏斗与圆筒连接安装成一整体。关闭漏斗下方的开启门,在漏斗下放置接收容器。

(5)将试样从圆筒中央开口处(高度与筒顶齐平)徐徐倒入漏斗,表面尽量倒平,但倒完后不得以任何工具扰动或刮平试样。

(6)在打开漏斗开启门的同时开动秒表。漏斗中的细集料随即从漏斗开口处流出,进入接收容器中。在细集料全部流完的同时停止秒表,读取细集料流出的时间,准确至0.1 s,即为该细集料试样的流动时间。

(7)一种试样需平行试验 5 次,以流动时间的平均值作为细集料棱角性试验的结果。

细集料的存在对混合料内部形成多层网状结构有积极作用,本书细集料选择干净无杂质的石屑,由上述对细集料的基本性能试验测试可得,各项技术指标结果见表 11-7。

表 11-7　细集料的主要技术指标

试验指标	试验结果	技术标准	试验方法
表观相对密度/(g/cm³)	2.726	≥2.50	T0328
砂当量/%	73	≥60	T0334
含泥量粒径(<0.075 mm 颗粒含量)/%	1.8	≤3	T0333
棱角性(流动时间)/s	32	≥30	T0345

11.3　矿粉基本性能试验研究

11.3.1　矿粉筛分试验

按照《公路工程集料试验规程》(JTG E42—2005)[120]对矿粉通过水洗法进行粒度范围测试。

试验流程如下:

(1)将矿粉试样放入(105±5)℃烘箱中烘干至恒重,冷却,称取 100 g,准确至 0.1 g。如有矿粉团粒存在,可用橡皮头研杵轻轻研磨粉碎。

(2)将 0.075 mm 筛装在筛底上,仔细倒入矿粉,盖上筛盖。手工轻轻筛分,至大体上筛不下去为止。存留在筛底上的粒径小于 0.075 mm 的部分可弃去。

(3)除去筛盖和筛底,按筛孔大小顺序套成套筛。将存留在 0.075 mm 筛上的矿粉倒回 0.6 mm 筛上,在自来水龙头下方接一胶管,打开自来水,用胶管的水轻轻冲洗矿粉过筛,0.075 mm 筛下部分任其流失,直至流出的水色清澈。水洗过程中,可以适当用手扰动试样,加速矿粉过筛,待上层筛冲干净后,取去 0.6 mm 筛,接着从 0.3 mm 筛或 0.15 mm 筛上冲洗,但不得直接冲洗 0.075 mm 筛。

(4)分别将各筛上的筛余反过来用小水流仔细冲洗入各个搪瓷盘中,待筛余沉淀后,稍稍倾斜搪瓷盘。仔细除去清水,放入 105 ℃烘箱中烘干至恒重。称取各号筛上的筛余量,准确至 0.1 g。

注意:①自来水的水量不可太大太急,防止损坏筛面或将矿粉冲出,水不得从两层筛之间流出,自来水龙头宜装有防溅水龙头。当现场缺乏自来水时,也可由人工浇水冲洗。②如直接在 0.075 mm 筛上冲洗,将可能使筛面变形,筛孔堵塞,或者造成矿粉与筛面发生共振,不能通过筛孔。以两次平行试验结果的平均值作为试验结果,各号筛的通过率相差不得大于 2%。

11.3.2　矿粉密度试验

按照《公路工程集料试验规程》(JTG E42—2005)[120]对矿粉进行密度测试。

仪具与材料:

(1)李氏比重瓶:容量为 250 mL 或 300 mL。

(2)天平:感量不大于 0.01 g。

(3)烘箱:能控温在 (105±5)℃。

(4)恒温水槽:能控温在 (20±0.5)℃。

(5)其他:瓷皿、小牛角匙、干燥器、漏斗等。

试验流程如下:

(1)将代表性矿粉试样置于瓷皿中,在 105 ℃烘箱中烘干至恒重(一般不少于 6 h),放入干燥器中冷却后,连同小牛角匙、漏斗一起准确称量(m_1),准确至 0.01 g,矿粉质量应不少于 20%。

（2）向比重瓶中注入蒸馏水，至刻度 0~1 mL，将比重瓶放入 20 ℃的恒温水槽中，静放至比重瓶中的水温不再变化（一般不少于 2 h），读取比重瓶中水面的刻度（V_1），准确至 0.02 mL。

（3）用小牛角匙将矿粉试样通过漏斗徐徐加入比重瓶中，待比重瓶中水的液面上升至接近比重瓶的最大读数时，轻轻摇晃比重瓶，使瓶中的空气充分逸出。再次将比重瓶放入恒温水槽中，待温度不再变化时，读取比重瓶的读数（V_2），准确至 0.02 mL。整个试验过程中，比重瓶中的水温变化不得超过 1 ℃。

（4）准确称取牛角匙、瓷皿、漏斗及剩余矿粉的质量（m_2），准确至 0.01 g。

$$\rho_f = \frac{m_1 - m_2}{V_2 - V_1} \tag{11-13}$$

式中　ρ_f——矿粉的密度，g/cm³；

m_1——牛角匙、瓷皿、漏斗及试验前瓷器中矿粉的干燥质量，g；

m_2——牛角匙、瓷皿、漏斗及试验后瓷器中矿粉的干燥质量，g；

V_1——加矿粉以前比重瓶的初读数，mL；

V_2——加矿粉以后比重瓶的终读数，mL。

11.3.3　矿粉亲水系数试验

矿粉的亲水系数即矿粉试样在水（极性介质）中膨胀的体积与同一试样在煤油（非极性介质）中膨胀的体积之比，用于评价矿粉与沥青结合料的黏附性能。按照《公路工程集料试验规程》（JTG E42—2005）[120]对矿粉进行亲水系数的测试。

仪具与材料：

（1）量筒：50 mL 两个，刻度至 0.5 mL。

（2）研钵及有橡皮头的研杵。

（3）天平，感量不大于 0.01 g。

（4）煤油：在温度 270 ℃分馏得到的煤油，并经杂黏土过滤而得到者（过滤用杂黏土应先经加热至 250 ℃ 3 h，俟其冷却后使用）。

（5）烘箱。

试验流程如下：

（1）称取烘干至恒重的矿粉 5 g（准确至 0.01 g），将其放在研钵中，加入 15~30 mL 蒸馏水，用橡皮研杵仔细磨 5 min，然后用洗瓶把研钵中的悬浮液洗入量筒中，使量筒中的液面恰为 50 mL。然后用玻璃棒搅和悬浮液。

（2）同上法将另一份同样重量的矿粉，用煤油仔细研磨后将悬浮液冲洗移入另一量筒中，液面亦为 50 mL。

（3）将上两量筒静置，使量筒内液体中的颗粒沉淀。

（4）每天两次记录沉淀物的体积，直至体积不变。

$$\eta = \frac{V_B}{V_H} \tag{11-14}$$

式中　η——亲水系数，无量纲；

V_B——水中沉淀物体积,mL;

V_H——煤油中沉淀物体积,mL。

矿粉可以填充在粒径较大的集料空隙之间,提高集料嵌合力,对维护沥青混合料稳定性有重要作用。由上述试验可得,对其进行技术指标测试,结果见表 11-8。

表 11-8　矿粉的主要技术指标

试验指标		试验结果	技术标准	试验方法
表观密度 /(g/m³)		2.843	≥2.50	T0352
含水率/%		0.1	≤1	T0103
外观		无团粒结块	无团粒结块	—
亲水系数		0.14	≤1	T0353
塑性指数/%		2.2	≤4	T0354
粒度范围/%	<0.6 mm	100	100	T0351
	<0.15 mm	96.72	90~100	
	<0.075 mm	83.46	75~100	

11.4　沥青混合料配合比设计

11.4.1　初试矿料配合比

本书选择连续密级配 AC-13 型进行配合比设计,结合规范设计和郑州气候条件及交通状况,根据实际工程经验,在进行矿料组成比例中等粒径集料比例应加大,大粒径集料比例与 0.6 mm 以下的矿粉用量比例应减少,这样配制出来的矿料级配曲线就是相对平滑的 S 形曲线,在级配上下限范围内制得的矿料就满足压实度要求。

本试验所用的集料基本性能均在前一节进行介绍且都符合规范要求,分为 4 档,分别为 1 号料(10~15 mm)、2 号料(5~10 mm)、3 号料(3~5 mm)、4 号料(0~3 mm),各档集料和矿粉的筛分结果见表 11-9。

表 11-9　各档集料和矿粉的筛分结果

集料	各筛孔通过百分率/%									
	16	13.2	9.5	4.75	2.36	1.18	0.6	0.3	0.15	0.075
1#	100	91.8	24.1	4.9	0.3	0.3	0.3	0.3	0.3	0.3
2#	100	100	97.9	14.7	3.8	0.1	0.1	0.1	0.1	0.1
3#	100	100	100	87.5	13.2	1.6	0.1	0.1	0.1	0.1
4#	100	100	100	100	92.3	60.7	42.1	21.8	14.3	8.9
矿粉	100	100	100	100	100	100	100	100	96.2	91.7

　　根据 AC-13 矿料级配范围要求,以级配中值为基准选择 3 个初始级配方案,并计算 3组级配下沥青混合料的三种密度指标,详细配合比方案及指标结果如表 11-10 和表 11-11所示,合成级配曲线如图 11-2 所示。

表 11-10　AC-13 沥青混合料初选级配

设计级配	筛孔尺寸/mm									
	16	13.2	9.5	4.75	2.36	1.18	0.6	0.3	0.15	0.075
级配上限	100	100	85	68	50	38	28	20	15	8
级配下限	100	90	68	38	24	15	10	7	5	4
级配中值	100	95	76.5	53	37	26.5	19	13.5	10	6
合成级配 1	100	98.1	82.0	54.7	40.5	26.7	19.7	12.2	9.2	7.1
合成级配 2	100	97.8	79.0	51.7	37.7	24.9	18.4	11.5	8.8	6.8
合成级配 3	100	97.4	75.2	47.8	34.0	22.5	16.8	10.7	8.3	6.5

表 11-11　三组初选沥青混合料配合比

初选级配编号	各档集料用量/%				矿粉/%	合成表观相对密度 γ_{sa}	合成毛体积相对密度 γ_{sb}	有效相对密度 γ_{se}
	1#	2#	3#	4#				
1	23	26	10	37	4	2.785	2.683	2.777
2	27	25	10	34	4	2.788	2.685	2.781
3	32	24	10	30	4	2.792	2.688	2.785

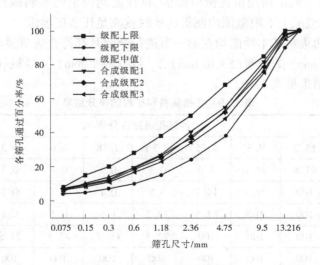

图 11-2　矿料合成级配曲线

11.4.2　矿料配合比的确定

根据 AC-13 型沥青混合料的实际设计经验,初拟基质沥青用量为 4.9%,按照表 11-9 所列的各档集料比例进行备料,并每组成型 4 个马歇尔试件,测试并计算各组马歇尔试件的性能指标,具体结果见表 11-12。

表 11-12　三组初选沥青混合料的马歇尔试件参数汇总

初选级配编号	毛体积相对密度	理论最大相对密度	空隙率 VV/%	矿料间隙率 VMA/%	沥青饱和度 VFA/%
1	2.413	2.583	4.4	14.2	69.2
2	2.439	2.585	3.9	13.3	71.0
3	2.476	2.589	3.4	12.1	71.8
技术指标			3~6	13~16	70~85

分析表 11-12,初选级配 1 混合料试件的 VFA 小于 70%,而初选级配 3 混合料试件的 VMA 小于 13%,只有第二种沥青混合料试件的三个参数均满足技术要求,故选择初选级配编号 2 作为设计配合比,各档集料与矿粉的比例为 10~15 mm:5~10 mm:3~5 mm:0~3 mm:矿粉=27:25:10:34:4。矿料的有效相对密度为 2.781。

11.4.3　最佳油石比的确定

最佳沥青含量由马歇尔稳定度、流值、马歇尔试块毛体积密度、空隙率、沥青饱和度等参数共同决定,其中马歇尔稳定度、流值、马歇尔试块毛体积密度、空隙率这几个参数通过做马歇尔稳定度试验、表干法测密度试验、最大理论密度试验可以确定;沥青饱和度的确定则需要矿料合成毛体积密度试验。根据表 11-4 及规范要求,采用 0.5% 间隔变化,初拟确定基质沥青混合料的沥青用量为 3.9%、4.4%、4.9%、5.4% 和 5.9%。相关马歇尔试验指标见表 11-13,并绘制各指标与沥青用量的关系图(见图 11-3)。

表 11-13　基质沥青混合料马歇尔试验结果

油石比/%	毛体积相对密度/(g/cm³)	VV/%	VMA/%	VFA/%	稳定度/kN	流值/0.1 mm
3.9	2.376	8.7	16.7	47.9	9.4	21
4.4	2.402	5.8	14.9	63.3	10.7	23
4.9	2.439	3.9	13.3	70.7	12.1	28
5.4	2.426	3.4	15.2	77.1	10.9	32
5.9	2.415	3.2	16.2	80.4	9.7	37
技术指标	—	3~6	≥13	70~85	≥8	15~40

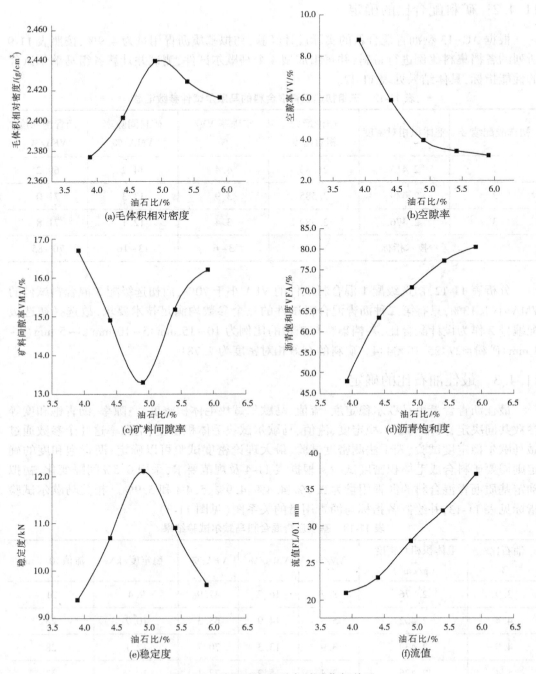

图 11-3　油石比与马歇尔试验指标关系

根据表 11-13 及图 11-3 马歇尔试验结果可以确定稳定度最大值、毛体积相对密度最大值、空隙率中值、沥青饱和度中值对应的油石比分别为 a_1、a_2、a_3、a_4。根据式(11-15) ~ 式(11-17)可得到最佳油石比 OAC。

$$OAC_1 = \frac{a_1 + a_2 + a_3 + a_4}{4} \tag{11-15}$$

$$OAC_2 = \frac{OAC_{min} + OAC_{max}}{2} \tag{11-16}$$

$$OAC = \frac{OAC_1 + OAC_2}{2} \tag{11-17}$$

由图 11-3(a)~(d)及式(11-15)~式(11-17)可得,对应于马歇尔稳定度最大值的油石比 $a_1 = 4.9\%$,试件毛体积相对密度最大值对应的油石比 $a_2 = 5.0\%$,与规定空隙率范围中值的油石比 $a_3 = 4.7\%$,对应于沥青饱和度中值的油石比 $a_4 = 5.5\%$,求 a_1、a_2、a_3、a_4 的算术平均值,得出最佳油石比的初始值 OAC_1 为 5.0%。油石比最小值为 4.6%、最大值为 5.0%,中值 OAC_2 为 4.8%。一般条件下,最佳油石比采用 OAC_1 和 OAC_2 的平均值,即最佳油石比为 4.9%,考虑到道路使用地区属于夏热冬冷地区,故取最佳油石比为 4.9%。当基质沥青混合料的最佳油石比为 4.9% 时,其对应的 VMA 为 13.3%,满足规范要求。

同上,对复合改性沥青也采用 AC-13 级配,按照上述步骤,采取相同的方法确定其最佳油石比,SBR 改性沥青、复合改性沥青的最佳油石比分别为 5.0%、5.1%。

根据确定的最佳油石比,成型基质沥青混合料和纳米碳酸钙、纳米氧化锌及丁苯橡胶复合改性沥青混合料马歇尔试件,并进行性能检验,试验结果如表 11-14 所示。

表 11-14　不同改性沥青混合料配合比设计检验

试验参数	单位	丁苯橡胶改性沥青混合料	纳米碳酸钙、纳米氧化锌及丁苯橡胶复合改性沥青混合料	技术指标
动稳定度	次/min	4 846	5 527	≥2 800
劈裂强度比	%	83.7	88.8	≥80

由表 11-14 可知,当基质沥青、丁苯橡胶改性沥青混合料、纳米碳酸钙和纳米氧化锌及丁苯橡胶复合改性沥青混合料的油石比为 4.9%、5.0% 和 5.1% 时,两种混合料的动稳定度和劈裂强度比均大于技术指标,故以 AC-13 级配制备的沥青混合料满足规范要求。

11.5　本章小结

(1)对本书混合料中所用到的各粒径骨料进行了基本性能试验,各项物理指标均能满足规范要求,可以用于下一步沥青结合料与沥青混合料的试验研究。

(2)以级配中值为准选定 3 个初始级配方案,通过验证空隙率、矿料间隙率、沥青饱和度综合确定了本书中各档集料与矿粉的比例为 10~15 mm:5~10 mm:3~5 mm:0~3 mm:矿粉 = 27:25:10:34:4。选择了 AC-13 级配优化设计混合料配比,确定了丁苯橡胶改性沥青混合料的最佳油石比为 5.0%,当掺加 4% 纳米碳酸钙 + 5% 纳米氧化锌 + 4% 的丁苯橡胶时,在最佳掺量下复合的改性沥青混合料的最佳油石比为 5.1%。

第 12 章　复合改性沥青混合料路用性能研究

　　道路通常会因为外力荷载、高低温和水的作用产生车辙、拥包、破裂和剥落等病害,因此路用性能的研究主要从高温稳定性、水稳定性和低温抗裂性及疲劳抵抗性四个方面进行研究。本书主要对比分析基质沥青混合料及纳米碳酸钙、纳米氧化锌及丁苯橡胶复合改性沥青混合料的路用性能,探究在基质沥青的基础上加入三种改性剂是否有明显效果。第 11 章确定了两种混合料的级配和最佳油石比,本章按照规范要求对沥青混合料性能进行试验,分别通过成型车辙试件研究高温稳定性,通过成型低温弯曲小梁试件研究沥青低温抗裂性,通过成型标准马歇尔试件研究水稳定性,通过成型疲劳试件研究抗疲劳破坏能力。

12.1　沥青混合料的高温稳定性

　　沥青混合料集黏性、弹性和塑性于一体,路面发生变形的原因有温度应力、反复车辆荷载,由此产生的泛油、拥包甚至塌陷、车辙等均是不可恢复的变形,其中车辙是最严重、最具破坏性的病害之一。沥青混合料的高温稳定性就是沥青路面在高温环境下抵抗由行车荷载作用导致的车辙、推移、拥包等永久变形的能力。由于沥青混合料属于黏弹性材料,在高温环境下,沥青黏度降低,导致沥青和混合料的结合力减弱,在行车荷载作用下使沥青混合料产生破坏而形成永久变形。一般而言,高温是指 25~30 ℃ 以上,温度越高,沥青路面越容易破坏,永久变形也越大。这种变形在车辆的反复作用下会越来越大,进而导致路面出现车辙。车辙底部的沥青路面沥青量会有明显降低,减弱路面结构,很容易引起其他病害的产生,很大程度地降低道路寿命。同时,车辙内也会积水,降低了车辆与路面的摩擦力,严重影响行车的舒适性和安全性。因此,沥青路面质量的提高需要从高温稳定性的改善做起,而高温稳定性的好坏则采用沥青混合料的车辙试验动稳定度评定。

　　有诸多测试沥青混合料高温稳定性的试验方法被采用,来保证路面在受到车辆反复荷载而不发生过度永久变形,本节选择用模拟车轮反复碾压的车辙试验来评价路面高温稳定性,以方法简单、结果直观清晰的优点,受到世界各国的广泛认可和运用。采用的双路科研型车辙试验仪是由西安市亚星土木仪器有限公司生产提供的,应用全自动轮碾成型机碾压成型 300 mm×300 mm×50 mm 沥青混合料试件。待试件常温放置 12 h 即可进行试验,试验过程中需保持试验环境在 60 ℃,轮与试件接触压强为 0.7 MPa,试验轮沿表面往返 60 min 或车辙板最大变形量达到 25 mm 时停止。

　　具体试验如下:试验前需对车辙仪进行校准并设定试验温度、试验荷载、加载速度以及时间。试验开始时,将试验试件与一个对比试件一同放入已经达到试验温度的恒温室中进行升温,对比试件与试验试件相同,但其中埋有温度传感器用于控制记录温度,此时对比试件温度即试验试件温度。待试件升温至试验温度后取出在试验机上开始试验，升温、恒温过程不低于 6 h。试验过程中保证车轮行走方向与试件成型时碾压方向相同，系统自动记录温度、时间、变形量、加载次数等数据。试验结束后按式(12-1)计算动稳定度。

（1）采用轮碾法制作车辙试验试样，板块尺寸为长 300 mm×宽 300 mm×高 50 mm。两种沥青混合料各制作 3 个平行试件，在室温下保存。

（2）将制作好的试件同试模一起置于已达到试验温度 60 ℃ 的试验机的试验台上，关闭试验门，静置保温 7 h，然后准备开始试验。

（3）首先设定轮压为 0.7 MPa，荷载为 780 N，然后开启车辙试验机，使试轮来回运行，当持续时间约为 1 h 或最大变形超过 25 mm 时，试验终止。

（4）将 45 min(t_1)时的车辙变形量定为 d_1，将 60 min(t_2)时的车辙变形量定为 d_2，并精确至小数点后两位。但若是时间未达到 60 min 时车辙变形便已经达到 25 mm，这时以车辙变形已提前达到 25 mm(d_2)时的时间为 t_2，将其前 15 min 时的时间定为 t_1，此时的变形量定为 d_1。通过计算得出动稳定度。

$$DS = \frac{(t_2 - t_1)N}{d_2 - d_1}C_1C_2 \tag{12-1}$$

式中　DS——动稳定度，次/mm；

　　　t_1——试验时间，45 min；

　　　t_2——试验时间，60 min；

　　　d_1——45 min 的变形量，mm；

　　　d_2——60 min 的变形量，mm；

　　　C_1——试验机类型系数，取值 1.0；

　　　C_2——试验系数，取值 1.0；

　　　N——碾压速度，取 42 次/min。

沥青混合料车辙试验动稳定度技术要求见表 12-1。

表 12-1　沥青混合料车辙试验动稳定度技术要求

气候条件与技术标准	相应于下列气候分区所要求的动稳定度/(次/mm)									试验方法
7 月平均最高气温(℃)及气候分区	>30				20~30				<20	
	1. 夏炎热区				2. 夏热区				3. 夏凉区	
	1-1	1-2	1-3	1-4	2-1	2-2	2-3	2-4	3-2	
普通沥青混合料，不小于	800		1 000		600		800		600	T0719
普通沥青混合料，不小于	2 400		2 800		2 000		2 400		1 800	

车辙试验成型机及碾压过程如图 12-1 所示,成型试件如图 12-2 所示,车辙试验结果如表 12-2 所示。

图 12-1　车辙试验轮碾压过程

图 12-2　车辙成型试件

表 12-2　沥青混合料车辙试验结果

混合料类型	45 min 变形量/mm	60 min 变形量/mm	动稳定度/(次/mm)
基质沥青	4.11	4.58	1 340
丁苯橡胶改性沥青	3.25	3.49	2 500
纳米材料复合丁苯橡胶改性沥青	1.93	2.04	5 527
技术指标	—	—	≥3 000

表 12-2 车辙试验结果表明:

基质沥青中加入丁苯橡胶单一改性后,沥青车辙动稳定度有了明显的增加,45 min 和 60 min 变形量明显减小,动稳定度有了明显的提升。基质沥青混合料 45 min 和 60 min 车辙深度分别为 4.11 mm 和 4.58 mm,动稳定度为 1 340 次/mm,丁苯橡胶沥青混合料 45 min 和

60 min 车辙深度分别为 3.25 mm 和 3.49 mm,动稳定度为 2 500 次/mm,比基质沥青车辙深度分别降低了 20.9%、23.8%,动稳定度 DS 提升了 86.6%,沥青混合料的高温抗变形能力有了一定程度的提升,即丁苯橡胶的加入对沥青混合料的高温稳定性有一定的改善作用。

由表 12-2 可以看出,丁苯橡胶改性沥青中加入两种纳米材料得到的复合改性沥青混合料,其车辙动稳定度有了很大程度的增加,此时动稳定度最大,在 45 min 和 60 min 变形量又进一步呈下降趋势,表现为 45 min 和 60 min 变形量最小。复合改性沥青混合料 45 min 和 60 min 车辙深度分别为 1.93 mm 和 2.04 mm,动稳定度为 5 527 次/mm,比丁苯橡胶改性沥青车辙深度分别降低了 40.6%、41.5%,动稳定度 DS 提升了 121%;比基质沥青车辙深度分别降低了 53.0%、55.5%,动稳定度 DS 提升了 312%。相比于丁苯橡胶单一改性方式下,复合改性沥青混合料在 45 min 和 60 min 车辙变形量更大,动稳定度提升更为明显,说明两种纳米材料的加入对于沥青混合料的高温抗变形能力的增强作用更为明显。

综上所述,相同作用时间下,复合改性沥青混合料的变形量最小,如试验轮作用时间 45 min 时,复合改性沥青变形量为 1.93 mm,呈现为复合改性沥青<丁苯橡胶改性沥青<基质沥青。车辙试验的主要评价指标是动稳定度,其技术指标需满足大于等于 2 800 次/mm 的条件,已知丁苯橡胶改性沥青和复合沥青混合料的动稳定度分别满足规范要求。当作用时间从 45 min 延长至 60 min 时,基质沥青混合料的变形量增长幅度为 0.47 mm,而丁苯橡胶改性沥青混合料和复合改性沥青混合料的变形量增长幅度相对降低,分别从 0.47 mm 减至 0.24 mm、0.11 mm。纳米碳酸钙、纳米氧化锌及丁苯橡胶复合改性沥青混合料的动稳定度最大,分析原因可知,除丁苯橡胶对高温有一定作用外,纳米材料掺入到基质沥青混合料中,对高温性能发挥着更优异的作用,能够吸收其中部分油分,增强沥青与矿料之间的黏结力,使其之间组成的结构更加稳定,纳米碳酸钙和纳米氧化锌两种纳米材料的加入使得改性沥青混合料的高温性能得到了显著提升。三种改性剂的加入使得复合沥青混合料拥有较好的抵抗荷载变形的能力,同时使得更多的自由沥青转化为结构沥青,黏度下降缓慢。纳米粒子和丁苯橡胶充分发挥各自的优势,使得纳米碳酸钙、纳米氧化锌及丁苯橡胶复合改性沥青混合料具有更优的高温抗车辙能力。

12.2　沥青混合料的低温性能

沥青混合料抵抗低温收缩应力造成的变形所表现出来的性能为沥青混合料的低温抗裂性。沥青混凝土材料的路面开裂形式主要有两种:当外界环境温度较低时,沥青面层产生温度应力,当由温度应力而产生的收缩变形超过沥青混合料的最大容许应力时,路面将会产生横向裂缝,即温缩裂缝;四季温度的反复变化和日夜温差循环容易造成面层温度疲劳,应力松弛性能降低,最终达到极限拉伸应变而产生温度疲劳裂缝。在低温时,沥青混合料内部受到温度收缩应力,如果沥青混合料的低温抗裂性不好,沥青路面就会出现裂缝,久而久之裂缝不断扩大,外界水将沿着裂缝渗入并软化路基,道路承载能力急剧下降,路面损坏加重并影响路面使用寿命。

由于裂缝不仅对道路行车造成较大的安全隐患,而且会破坏道路内部结构的稳定性,造成更严重的路基坍塌问题,对道路建设单位和养护单位造成重大的经济负担。确保沥青混合料优良的低温抗裂性有着非常重要的意义。在低温情况下,沥青路面为抵抗低温收缩应力和车辆重复荷载,需要具备良好的抗变形能力,不致产生收缩开裂及疲劳开裂。我国主要通过小梁弯曲试验测定沥青混合料的低温抗裂性,通过试验结果计算得到沥青混合料试件破坏时的抗弯拉强度、梁底最大弯拉应变、弯曲劲度模量指标来表征。抗弯拉强度代表的是沥青混合料遭受弯拉应力时表现的抵抗能力,其数值越大代表沥青混合料越能有效地抵抗拉应力破坏,在低温下表现为抵抗低温收缩的能力;梁底最大弯拉应变代表混合料的拉伸性能、弯曲劲度模量是沥青混合料黏性和弹性的联合效应指标,数值越大代表沥青混合料低温抗裂性能越好。

本书沥青混合料用在夏炎热冬冷湿润区,要求的最大弯拉应变为:AC-13 型普通沥青混合料不小于 2 000 $\mu\varepsilon$,AC-13 型改性沥青混合料不小于 2 500 $\mu\varepsilon$,采用《公路工程沥青及沥青混合料试验规程》(JTG E20—2011)规范[121]中沥青混合料的低温弯曲试验评价三种沥青混合料的低温抗裂性。

准备工作:

(1)先根据沥青混合料试验规程轮碾成型的板块状试件,用切割法制作棱柱体试件,试件尺寸应符合长(250±2.0) mm、宽(30 ±2.0) mm、高(35 ±2.0 mm)的要求。

(2)在跨中及两支点断面用卡尺量取试件的尺寸,当两支点断面的高度(或宽度)之差超过 2 mm 时,试件应作废。跨中断面的宽度为 b、高度为 h,取相对两侧的平均值,准确至 0.1 mm。

(3)根据混合料类型按《公路工程沥青及沥青混合料试验规程》(JTG E20—2011)的要求测量试件的密度、空隙率等各项物理指标。

(4)将试件置于规定温度的恒温水槽中保温不少于 45 min,直至试件内部温度达到试验温度±0.5 ℃。保温时试件应放在支起的平板玻璃上,试件之间的距离应不小于 10 mm。

(5)将试验机环境保温箱达到要求的试验温度±0.5 ℃。

(6)将试验机梁式试件支座准确安放好,测定支点间距为(200±0.5) mm,使上压头与下压头保持平行,并两侧等距离,然后将其位置固定。

试验步骤如下:

(1)把试件从恒温水槽取出,立即对称安放在支座上,试件上下方向与成型时方向一致。

(2)在梁跨下缘正中央安放位移测定装置,支座固定在试验机上。位移计侧头支于试件跨中下缘中央或两侧(用两个位移计)。选择适宜的量程,有效量程应大于预计最大挠度的 1.2 倍。

(3)将荷载传感器、位移计与数据采集系统连接,以 X 轴为位移,Y 轴为荷载,选择适宜的量程后调零。启动弯曲试验仪,以 50 mm/min 的速率在跨径中央施加集中荷载至试件破坏,试验仪屏幕会记录最大荷载 P_B 及挠度 d。

根据式(12-2)~式(12-4)计算得到试验所需数据,试验结果如表 12-3 所示。

$$R_B = \frac{3LP_B}{2bh^2} \tag{12-2}$$

$$\varepsilon_B = \frac{6hd}{L^2} \tag{12-3}$$

$$S_B = \frac{R_B}{\varepsilon_B} \qquad\qquad (12\text{-}4)$$

式中　R_B——试件破坏时抗弯拉强度,MPa;

　　　ε_B——试件破坏时最大弯拉应变,$\mu\varepsilon$;

　　　S_B——试件破坏时弯曲劲度模量,MPa;

　　　b——跨中断面试件宽度,mm;

　　　h——跨中断面试件高度,mm;

　　　L——试件跨径,mm;

　　　P_B——试件破坏时最大荷载,N;

　　　d——试件破坏时跨中挠度,mm。

试件破坏过程及变化如图 12-3 所示,试验结果如表 12-3 所示。

(a)小梁破坏过程

(b)破坏前小梁试件

(c)破坏后小梁试件

图 12-3　沥青混合料低温弯曲试验

表 12-3　改性沥青混合料低温弯曲试验结果

混合料类型		抗弯拉强度 R_B/MPa	最大弯拉应变 ε_B/$\mu\varepsilon$	弯曲劲度模量 S_B/MPa
基质沥青混合料	1	8.39	3 347.1	2 506.6
	2	8.68	3 565.2	2 434.6
	3	9.12	3 128.9	2 914.8
	4	8.51	3 474.3	2 449.4
	5	9.34	3 555.1	2 627.2
	6	9.30	3 258.6	2 854.0
	均值	8.89	3 388.2	2 623.8
丁苯橡胶改性沥青混合料	1	9.13	3 729.8	2 447.9
	2	9.59	3 951.2	2 427.1
	3	9.09	3 487.5	2 606.5
	4	9.57	3 849.7	2 487.7
	5	9.07	4 032.4	2 249.3
	6	8.78	3 599.7	2 439.0
	均值	9.22	3 775.1	2 442.3
复合改性沥青混合料	1	10.49	4 686.6	2 238.3
	2	9.82	4 076.7	2 409.0
	3	9.36	4 078.5	2 295.0
	4	9.14	3 951.7	2 313.3
	5	9.50	4 183.6	2 270.8
	6	9.83	4 398.7	2 234.1
	均值	9.70	4 229.3	2 293.4
技术要求		—	≥2 500	—

由表 12-3 可以看出,基质沥青混合料和不同掺量改性剂的改性沥青混合料的最大弯拉应变均满足我国规范的要求,技术标准要求最大弯拉应变值应满足大于或等于 2 500 $\mu\varepsilon$ 的要求,三种改性沥青混合料的最大弯拉应变值均满足规范条件,说明使用三种改性剂可以改善沥青混合料在低温时的抗裂强度。以最大弯拉应变作为评价沥青混合料低温弯曲性能的重要指标,其值越大,代表沥青混合料的低温破坏应变越大,柔韧性越好,相应低温抗裂性就越好。沥青混合料的最大弯拉应变值越高,代表沥青混合料在低温环境下受损时承受的应变就越高,沥青混合料的弯曲劲度模量值越低,则沥青混合料的抗裂能力越强,两者呈负相关。

由表 12-3 分析可得,基质沥青中加入丁苯橡胶单一改性后,最大弯拉应变和抗弯拉强度得到了一定程度的提升,弯曲劲度模量呈下降的趋势。基质沥青最大弯拉应变为 3 388.2 $\mu\varepsilon$,丁苯橡胶改性沥青混合料最大弯拉应变为 3 775.1$\mu\varepsilon$,较基质沥青提升 11.4%;基质沥青抗弯拉强度为 8.89 MPa,丁苯橡胶改性沥青混合料抗弯拉强度为 9.22 MPa,较基质沥青提升 3.7%。基质沥青弯曲劲度模量为 2 623.8 MPa,丁苯橡胶改性沥青混合料弯曲劲度模量为 2 442.3 MPa,较基质沥青降低 6.9%。故掺入丁苯橡胶后,使改性沥青混合料的低温抗裂性能得到显著提升。

在丁苯橡胶改性沥青中加入纳米碳酸钙和纳米氧化锌后得到的复合改性沥青混合料,其最大弯拉应变和抗弯拉强度也呈进一步上升,弯曲劲度模量呈进一步下降的趋势。复合改性沥青混合料抗弯拉强度、最大弯拉应变、弯曲劲度模量分别为 9.70 MPa、4 229.3 $\mu\varepsilon$、2 293.4 MPa,丁苯橡胶改性沥青混合料抗弯拉强度、最大弯拉应变、弯曲劲度模量分别为 9.22 MPa、3 775.1 $\mu\varepsilon$、2 442.3 MPa,与丁苯橡胶改性沥青混合料和基质沥青混合料相比,抗弯拉强度分别提高了 5.2% 和 9.11%,最大弯拉应变分别提高了 12.0% 和 24.8%,弯曲劲度模量降低了 6.1% 和 12.6%;基质沥青混合料抗弯拉强度、最大弯拉应变、弯曲劲度模量分别为 8.89 MPa、3 388.2 $\mu\varepsilon$、2 623.8 MPa,与基质沥青混合料相比,抗弯拉强度分别提高了 9.11%,最大弯拉应变提高了 24.8%,弯曲劲度模量降低了 12.6%。

综上所述,复合改性沥青混合料的最大弯拉应变最大,三种沥青混合料整体呈现为复合改性沥青>丁苯橡胶改性沥青>基质沥青。相比于丁苯橡胶单一改性方式下,复合改性沥青混合的提升更为明显,说明纳米碳酸钙和纳米氧化锌的加入对于沥青混合料的低温抗裂性能力的增强作用更为明显。分析原因可知,加入外掺剂纳米粒子,可以增强沥青混合料的应力松弛能力,使沥青胶结料能够更好地发挥其弹性恢复作用,沥青中均匀分散的纳米材料使沥青低温下能更好地保持弹性恢复,通过对沥青改性,使胶结料能更好地拉伸延展,沥青的改性也使沥青混合料中结构沥青比例增大,集料与沥青之间的结合程度更高,黏聚力加强。此外,纳米材料可使沥青混合料具有较好的黏附性,可以有效促使矿料之间紧紧地嵌锁在一起,缩紧混合料之间的空隙,故加入纳米材料的沥青混合料的抗裂能力较丁苯橡胶改性沥青混合料更强,因而复合改性沥青混合料的低温抗裂性能在丁苯橡胶改性沥青混合料的基础上有所提升。综上,三种改性剂的加入使得复合沥青混合料拥有较好的抵抗低温抗裂变形的能力。纳米碳酸钙、纳米氧化锌和丁苯橡胶共同作用,使得纳米碳酸钙、纳米氧化锌及丁苯橡胶复合改性沥青混合料具有更优的低温抗裂性能。

12.3　沥青混合料的水稳定性

沥青混合料的水稳定性是评价路面路用性能的一项重要指标,表征道路面层在冻融循环条件或水环境下抗水侵害的能力。水对沥青混合料的损害表现为水侵蚀,大气中的水珠及雨雪季节产生的积水长时间渗入沥青路面就会在沥青矿料表面形成水膜,这层水膜相当于一层介质,经过车辆反复荷载、冻融循环作用,沥青混合料空隙位置将产生水吸压力,致使外界的水不断地渗入沥青混合料中,侵蚀沥青和集料的接触面位置薄膜,降低了矿料对沥青的黏附力,在受到车轮反复荷载后,混合料内部骨料的相对位置就会发生变化,产生水破坏的速度就会越来越快,集料颗粒从沥青薄膜中剥离,整体骨架结构遭到破坏,沥青混合料强度大幅度下降,表现出路面松散、坑洞、剥落等病害现象。一旦出现温度降低、升高循环的冬季,不仅会造成包裹在集料表面的沥青膜变薄,还会使各矿料比例发生变化,最终造成沥青路面整体稳定结构破坏,影响其继续使用。

我国评价水稳定性的方法一般有两种:①评价沥青与集料的黏附性,如水煮法,此方法操作简单,但受到较多人为因素干扰而出现不准确结论,试验结果误差大;②测定混合料击实试件的力学强度,此种方法评价直观,一般通过对比试件浸水前后的强度来评价其抗水损害能力。本节选择现在更为广泛的浸水马歇尔试验和冻融劈裂试验,通过残留稳定度数值和冻融劈裂比值来双重表征不同类型沥青混合料的水稳定性,对比分析复合改性沥青混合料的水稳定性。

12.3.1 浸水马歇尔试验

水稳定性试验的主要评价标准之一是残留稳定度,其值越大,表明沥青混合料抗水侵蚀的能力越好。三种改性沥青混合料各制备 8 个标准马歇尔试件。试验分为两组,一组 4 个标准试件在 60 ℃水中恒温浸泡 0.5 h 之后测试其稳定度数值,如图 12-4(a)所示;另一组试件在恒温水箱(相同温度条件)中水浴 48 h 后测试稳定度值。本试验采用的仪器为 DF 型稳定度测定仪,如图 12-4(b)所示,浸水马歇尔试验结果如表 12-4 所示。

(a)60 ℃恒温水浴   (b)稳定度测定仪

图 12-4　浸水马歇尔试验

基质沥青的残留稳定度值需要满足大于或等于 80%的条件,改性沥青的残留稳定度值需要满足大于或等于 85%的条件,由表 12-4 可知三种改性沥青混合料均在技术指标范围内,反映了改性剂的掺入能够改善沥青在冻融或水环境下的抗侵害能力。

表 12-4　浸水马歇尔试验结果

混合料类别	浸水 0.5 h 稳定度/kN	浸水 48 h 稳定度/kN	残留稳定度/%
基质沥青混合料	10.67	8.74	81.9
丁苯橡胶改性沥青混合料	11.52	9.86	85.6
复合改性沥青混合料	12.18	11.12	91.3
技术指标	—	—	基质沥青≥80, 改性沥青≥85

由表 12-4 可知,通过对比浸水 0.5 h 和 48 h 的稳定度发现,试件浸水时间越长,沥青混合料稳定度越小。如基质沥青混合料在浸水 0.5 h 和 48 h 的稳定度分别为 10.67 kN、8.74 kN,减小了 18.1%。混合料试件浸水时间为 0.5 h 时,基质沥青、丁苯橡胶改性沥青、纳米碳酸钙和纳米氧化锌及丁苯橡胶复合改性沥青混合料的稳定度分别为 10.67 kN、11.52 kN、12.18 kN。在基质沥青混合料中加入丁苯橡胶改性剂,丁苯橡胶改性沥青混合料的稳定度增加了 7.97%,复合改性沥青混合料在丁苯橡胶沥青混合料的基础上,稳定度升高了 5.73%,比基质沥青提高了 14.2%。混合料试件浸水时间为 48 h 时,基质沥青、丁苯橡胶改性沥青、纳米碳酸钙和纳米氧化锌及丁苯橡胶复合改性沥青混合料的稳定度分别为 8.74 kN、9.86 kN、11.12 kN,复合改性沥青混合料的稳定度最大。在丁苯橡胶改性沥青混合料和基质沥青混合料的基础上,依次提高了 12.8% 和 27.2%。

基质沥青、丁苯橡胶改性沥青、纳米碳酸钙和纳米氧化锌及丁苯橡胶复合改性沥青混合料的残留稳定度分别为 81.9%、85.6%、91.3%,三种沥青混合料中复合改性沥青混合料的残留稳定度>丁苯橡胶改性沥青混合料的残留稳定度>基质沥青混合料的残留稳定度。从整体而言,在丁苯橡胶改性沥青混合料的基础上,复合改性沥青的残留稳定度提高了 6.7%,在基质沥青混合料的基础上,复合改性沥青的残留稳定度增加了 5.7%。分析原因可知,加入外掺剂丁苯橡胶、纳米碳酸钙和纳米氧化锌能够有效缩紧混合料之间的空隙,降低水对沥青路面的剥落冲刷损害,且三者外掺剂本身具有较高的吸油性,更加显著提升了沥青混合料在水环境下的敏感性能。综上所述,丁苯橡胶及纳米粒子的加入,有效改善了沥青混合料内部的密实状态,显著提高了结合料与砂石之间的黏附力,从而提高了复合改性沥青混合料的抗水损害能力。

12.3.2　浸水马歇尔试验

冻融劈裂试验评价沥青混合料性能的指标为劈裂强度比,通过冻融劈裂试验,测得标准马歇尔试件冻融前劈裂强度和冻融后劈裂强度,计算得到劈裂强度比表征沥青混合料的水稳定性,其值越大代表沥青混合料水稳定性越好。沥青混合料受到温度和自然水的影响,沥青膜容易从集料表面脱落,整体稳定性变差,在一定程度上削弱了沥青混合料的劈裂抗拉强度。本节通过冻融劈裂试验探究沥青混合料的水稳定性能,将三种改性沥青混合料分别制备 8 个标准马歇尔试件并平均分为两组,进行不同浸泡处理,其中一组放在

25 ℃恒温水浴箱中浸没,2 h 后取出并对其进行劈裂试验,得到沥青混合料冻融前劈裂强度;另外一组放入盛有 10 mL 水的密封袋内,首先将其在温度为-18 ℃的恒温冰箱中冷冻 16 h,然后在 60 ℃的恒温水箱中浸泡 24 h,最后放入 25 ℃的恒温水箱中 2 h 后取出,对其进行劈裂试验。

冻融劈裂试验与浸水马歇尔试验相比,其对混合料的破坏更大,它需要先对马歇尔试块进行最大真空度饱水,经过低温冻胀以及高温溶解之后,再计算试块水损害前后劈裂破坏强度比,具体试验如下:

(1)将基质沥青混合料、丁苯橡胶改性沥青混合料、纳米碳酸钙和纳米氧化锌及丁苯橡胶复合改性沥青混合料分别按照规程制作马歇尔试件,每种混合料要分别制备 8 组试件,将试件随机分成两组,每组不少于 4 个。将第一组试件置于平台上,在室温下保存备用。

(2)将未冻融组放在平台上,室温下保存备用,冻融循环组的试件按规程真空饱水,在真空度为 97.3~98.7 kPa(730~740 mmHg)条件下保持 15 min,然后打开阀门,恢复常压,试件在水中放置 0.5 h。

(3)取出试件并装入塑胶袋中,并向袋注入水 10 mL,将袋子密封,后将塑胶袋放入 -18 ℃的恒温冷冻箱中 16 h,将试件取出并撤去塑胶袋,立即将其置于入 60 ℃的恒温水浴中保温约 24 h。

(4)将冻融组和已完成冻融循环的冻融组试件,全部置于 25 ℃的恒温水槽中保温约 2 h,试件间的距离不得少于 10 mm。

(5)之后取出试件,将其置于机器之上,采用 50 mm/min 的试验加载速率进行劈裂测试,试验测试可以得出两种混合料的试验荷载值,随后按下列公式计算劈裂后抗拉强度。

$$R_{T1} = 0.006287P_{T1}/h_1 \qquad (12\text{-}5)$$
$$R_{T2} = 0.006287P_{T2}/h_2 \qquad (12\text{-}6)$$

式中　R_{T1}——未进行冻融循环的第一组单个试件的劈裂抗拉强度,MPa;

　　　R_{T2}——经冻融循环的第二组单个试件的劈裂抗拉强度,MPa;

　　　P_{T1}——第一组单个试件的试验荷载值,N;

　　　P_{T2}——第二组单个试件的试验荷载值,N;

　　　h_1——第一组每个试件的高度,mm;

　　　h_2——第二组每个试件的高度,mm。

冻融劈裂抗拉强度比按下式计算:

$$TSR = \frac{\overline{R_{T2}}}{\overline{R_{T1}}} \times 100\% \qquad (12\text{-}7)$$

式中　TSR——冻融劈裂试验强度比(%);

　　　$\overline{R_{T2}}$——冻融循环后的第二组有效试件劈裂抗拉强度平均值,MPa;

　　　$\overline{R_{T1}}$——未冻融循环的第一组有效试件劈裂抗拉强度平均值,MPa。

试验如图 12-5 所示,试验结果如表 12-5 所示。

(a)劈裂强度试验仪器

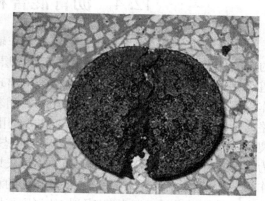
(b)劈裂试验后的试件

图 12-5　冻融劈裂试验

表 12-5　两种沥青混合料冻融劈裂试验结果

混合料类型	冻融前劈裂强度/MPa	冻融后劈裂强度/MPa	劈裂强度比/%
基质沥青混合料	0.825	0.651	78.9
丁苯橡胶改性沥青混合料	0.863	0.734	85.1
复合改性沥青混合料	0.967	0.854	88.3
技术指标	—	—	基质沥青≥75 改性沥青≥80

　　由表 12-5 可知,基质沥青劈裂强度比为 78.9%,满足大于等于 75%的条件,即满足技术指标要求。改性沥青劈裂强度比需满足大于等于 80%的条件,两种改性沥青混合料也均满足技术指标要求,反映了改性剂的掺入能够改善沥青路面的抗水侵害能力。

　　复合改性沥青混合料冻融前的劈裂强度为 0.967 MPa,丁苯橡胶改性沥青混合料冻融前的劈裂强度为 0.863 MPa,基质沥青混合料冻融前的劈裂强度为 0.825 MPa,比较可得复合改性沥青的沥青混合料的劈裂强度依次比丁苯橡胶改性沥青混合料和基质沥青混合料提高了 12.1%和 17.2%。基质沥青混合料、丁苯橡胶改性沥青混合料、复合改性沥青混合料试件冻融后的劈裂强度分别为 0.651 MPa、0.734 1 MPa、0.854 MPa。复合改性沥青混合料试件冻融后的劈裂强度依次比丁苯橡胶改性沥青混合料和基质沥青混合料提高了 16.3%和 31.2%。

　　从整体而言,无论试件冻融前后,纳米碳酸钙、纳米氧化锌及丁苯橡胶复合改性沥青混合料的劈裂强度比最大,均优于丁苯橡胶改性沥青和基质沥青。三者复合的改性沥青的劈裂强度比在丁苯橡胶单一改性的沥青混合料和基质沥青混合料的基础上,依次提高了 3.2%和 9.4%。表明加入纳米材料能有效提高丁苯橡胶改性沥青混合料的抗冻融循环破坏的能力,即复合改性沥青混合料具有较好的抗水损害能力,从而可以减少集料剥落产生的坑槽病害等。总结得出的规律与浸水马歇尔试验一致。

12.4 沥青混合料的抗疲劳性能

疲劳性能表征道路面层在特定温度和车辆荷载环境下不产生裂缝的能力。疲劳破坏的形成分为三个阶段,第一阶段便是沥青面层长期处于不集中荷载条件下,表面不规则的道路在受到应变作用时将会导致微小裂缝出现;裂纹现象被忽视再加上重交荷载的持续作用,微小裂纹逐渐扩展到第二裂缝阶段;随着对裂缝持续不断施加重力,损害了沥青道路的原始结构,裂缝在荷载和温度的共同作用下,开始进入无限随机蔓延的阶段,即第三裂缝阶段,最终使道路面层形成疲劳破坏状态。我国交通迅速发展,重交通高荷载是其最为显著的特征。沥青路面在重交通作用下长期服役,路面的某一点会受到车轮反复压力作用,应力与应变反复交叠变化,沥青路面的承受荷载能力逐渐降低,发展到一定程度后,路面承受的应力超过沥青路面结构的强度,就会出现疲劳裂缝,并发展成龟裂、网裂坑槽等疲劳性能不足的病害情况。

美国试验与材料协会(ASTM)称疲劳为材料的某点承受扰动应力,在一定循环扰动作用后发生裂缝或断裂,改变材料的局部或永久结构的发展过程。为测定沥青混合料的疲劳性能,国内外普遍使用四点弯曲疲劳试验,制备试验所需尺寸的试件,模拟路面真实荷载状态。这种试验方法有着试件便于制备、方便大量试验、温度荷载可控的优点,便于疲劳性能的测定。该试验通过对小梁试件重复加载,得到小梁试件的破坏疲劳次数,使用该指标来表征沥青混合料的疲劳性能。

综合考虑试验条件,本节采用四点弯曲疲劳试验法对沥青混合料的疲劳性能进行检测,主要原因是该方法较其他试验具有操作简单、消耗时长短且外界因素便于控制等优点。通过对室内小梁试件的重复加载,达到试件断裂的疲劳次数,从而表征沥青混合料的疲劳性能。首先将碾压成型的三种不同沥青混合料试件,切割为 380 mm 长×50 mm 宽×63 mm 高的疲劳试件。

具体试验步骤如下:

(1)试件养生。小梁试件宜直接放入环境箱内进行养生,应在试验温度±0.5 ℃条件下养生 4 h 以上方可进行试验。

(2)试件安放。将养护好的试件放入四点弯曲疲劳加载装置内,用夹具进行固定。使位移传感器 LVDT 滑轮接触试件表面,调整位移传感器到试件中部,LVDT 的读数尽可能接近于 0。

(3)试验参数选择。选择偏正弦加载模式,在试验参数设定界面输入试件编号和尺寸、目标拉应变,加载频率及试验终止标准等参数。

(4)在目标试验应变水平下预加载 50 个循环,计算第 50 个加载循环的试件劲度模量为初始的劲度模量,作为确定试件疲劳失效判据的基准劲度模量。

(5)开始试验。当确定好初始劲度模量后,试验机应在 50 个循环内自动调整并稳定到试验所需要的目标拉应变水平,同时按选择的加载循环间隔监控和记录试验参数与试验结果,确保系统操作正确。当试件达到疲劳试验终止条件时,自动停止加载。

进行试验时对试件施加频率为 10 Hz 的偏正弦函数连续恒应变,并记录应变水平为 400 $\mu\varepsilon$、500 $\mu\varepsilon$、600 $\mu\varepsilon$ 时的小梁试件疲劳寿命。对比分析三种沥青混合料各成型的试件,进行四组平行试验,并取平均值作为最终疲劳次数结果,试验过程如图 12-6 所示,试验结果如表 12-6 所示。

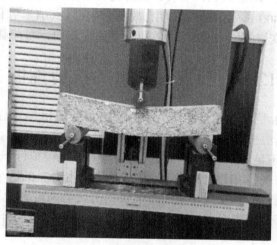

图 12-6　疲劳试验过程

表 12-6　沥青混合料疲劳试验结果

混合料类型	应变水平/$\mu\varepsilon$	疲劳寿命/次
基质沥青混合料	400	66 125
	500	49 703
	600	20 951
丁苯橡胶改性沥青混合料	400	89 746
	500	54 239
	600	22 383
复合改性沥青混合料	400	119 837
	500	63 422
	600	25 485

由表 12-6 的试验数据分析可知,随着三种应变水平的增加沥青混合料的疲劳次数都逐渐降低,可见应变增加使改性沥青混合料破坏速度加快。其中,基质沥青随应变水平依次降低 24.8%、58.8%,丁苯橡胶沥青随应变水平依次降低 39.6%、58.7%,复合沥青随应变水平依次降低 47.1%、59.8%,在 400 $\mu\varepsilon$ 应变水平下,基质沥青混合料的疲劳寿命为 66 125 次,丁苯橡胶改性沥青混合料的疲劳寿命为 89 746 次,丁苯橡胶的加入使丁苯橡胶改性沥青混合料疲劳寿命增加,且在 400 $\mu\varepsilon$、500 $\mu\varepsilon$、600 $\mu\varepsilon$ 时分别增加了 35.7%、9.1%、6.8%,说明丁苯橡胶的加入对提升基质沥青混合料疲劳性能有显著作用;与丁苯

橡胶改性沥青混合料相比,在丁苯橡胶的基础上加入纳米碳酸钙和纳米氧化锌材料后,复合改性沥青混合料的疲劳寿命又明显提升为 89 746 次,可见,复合改性沥青混合料疲劳寿命也呈增加的趋势,在 400 με、500 με、600 με 时分别增加了 33.5%、16.9%、13.9%,较基质沥青分别增加了 81.2%、27.6%、21.6%,说明改性剂的加入对提升基质沥青混合料疲劳性能特别是在 400 με 时有显著作用,故纳米碳酸钙、纳米氧化锌及丁苯橡胶复合改性沥青混合料的蠕变恢复能力更强,能够更好地适应路面行车荷载。

12.5　沥青混合料的抗剪性能

沥青混合料的高温抗剪性能与黏结力和内摩擦角密切相关,沥青混合料的黏结力和内摩擦角越大,则其高温抗剪强度越好[122]。沥青混合料高温破坏主要是高温环境下沥青混合料的抗剪强度不足导致的。车辙试验能够较真实地模拟行车荷载作用下沥青混合料的破坏情况,比较直观、实用,也能够迅速地评价沥青混合料的抗车辙性能,但是车辙试验不能得到沥青混合料的力学参数,对沥青混合料的抗剪强度评价有一定的局限性。因此,为了更深一步地研究沥青混合料的抗剪性能,试验采用沥青混合料三轴试验测试其抗剪强度。

沥青路面实际受力状态不是单一的荷载,往往是受到三向力的。三轴试验能够较为真实地模拟这一受力状态,进而得到沥青混合料的力学参数。试验采用闭式三轴试验法,在试件径向施加等大的液体主应力,即使围压相等,然后变化围压的同时以一定的速率加载轴向应力,由此得出围压轴压曲线关系。由曲线中直线段的斜率和截距就可以得到黏结力和内摩擦角。

三轴试验试件采用静压成型法,试件规格为 100 mm×100 mm,成型试件如图 12-7 所示。试验用三轴仪为由西安市亚星土木仪器有限公司生产提供沥的 TSZ-6A 型沥青混合料三轴抗剪试验仪,如图 12-8 所示,其连接示意图如图 12-9 所示。

图 12-7　沥青混合料三轴试件

具体试验步骤如下:

(1)成型试件,主要有两种方法,分别为:①按相关规程试验方法成型的圆柱体试件,然后采用取芯机从成型的试件中钻取直径为 100~104 mm 的芯样。取芯后的芯样呈圆柱体,形状规则,周边面光滑且与两个端面垂直。留取试件所需高度,采用切割机切除所钻芯样两端,切割后试件表面应平滑。有严重缺陷、试件端部不水平或端部最高与最低处的高差超过 1.0 mm 的试件均应废弃。②按照相关试验方法成型后的圆柱体试件,采用切割

图 12-8　沥青混合料三轴抗剪试验仪

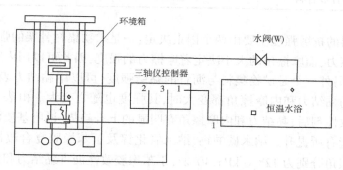

注:三轴仪控制器上,1 表示进水,2 表示反压出水口,3 表示围压出水口,它们的管路分别连接到压力室。

图 12-9　沥青混合料三轴抗剪试验仪连接示意图

机切除所钻芯样两端,使得试件高度为试验所需高度,切割后试件表面应平滑,有严重缺陷、试件端部不水平或端部最高与最低处的高差超过 1.0 mm 的试件均应废弃。

（2）用卡尺测量试件的高度和直径,准确至 0.1 mm,然后测试件的密度、空隙率等各项物理指标。试件密度应符合目标值 100%±2% 的要求,然后将试件置试验温度 1 ℃ 的烘箱中保温 4~5 h,设定三轴试验仪试验温度,并使压力室温度达到试验温度±1 ℃。

（3）首先,从烘箱中取出预热的试件,装于一端密封的橡皮膜中;然后,将试件安放在三轴试验仪压力室的上下压头的中线位置,固定到上下压板上,把两端橡皮膜翻下,并用橡皮 O 形环将橡皮膜两端密封于底部及顶部压盘,为增加橡皮膜与压盘间的密封效果,可在端部压盘四周涂抹真空油,仔细清洁用于密封的 O 形环及其所有接触面,密封好以后,将试件在压力室内保温不少于 10 min。

（4）开启三轴仪控制和采集系统,施加设定的围压,围压的大小与分级可以根据路面的实际荷载情况确定,但不宜少于 3 级。注:围压宜为 4 级,分别为 0 kPa、138 kPa、276 kPa 和 414 kPa;对于轻交通道路也可采用 3 级,分别为 0 kPa、138 kPa、276 kPa。

（5）按恒定的加载速率施加轴向荷载,使得轴向应变率恒定在 0.05 mm/（mm · min）。施加荷载的同时读取轴向压力、轴向变形、体积变形,并控制试验过程中围压、温度及变形速率恒定。

（6）当轴向压力出现峰值后,停止试验。如不出现峰值,可按 20% 应变值停止试验。试验结束后,卸去轴向压力和围压,取出试件,对试件外观进行描述记录。

试验分别对基质沥青混合料、丁苯橡胶改性沥青和纳米碳酸钙、纳米氧化锌及丁苯橡胶复合改性沥青混合料进行试验,采用的三轴仪能够直接测得黏结力和内摩擦角,试验结果如表 12-7 所示。

表 12-7　沥青混合料三轴试验结果

混合料类型	黏结力/kPa	内摩擦角/（°）
基质沥青混合料	103.9	31.5
丁苯橡胶改性沥青	115.8	36.3
复合改性沥青混合料	128.6	40.2

沥青混合料的抗剪强度主要由两个因素决定:一是矿物集料骨架的强度,表现为集料颗粒之间的摩擦力,而摩擦角的大小决定着摩擦力的强度,因此可以用内摩擦角表示矿物集料的摩擦力;另外一个是矿物集料与沥青的黏结强度,可以用黏结力表示。显而易见,当沥青混合料的黏结力和内摩擦角都变大时,其强度也随之变大。由表 12-7 可以看出,基质沥青掺入改性剂后,黏结力和内摩擦角有明显的上升趋势,说明基质沥青经过改性以后的抗剪切性能有所提升。纳米碳酸钙、纳米氧化锌及丁苯橡胶复合改性沥青混合料的黏结力和内摩擦角分别为 128.6 kPa、40.2°,丁苯橡胶改性沥青黏结力和内摩擦角分别提高为 115.8 kPa、36.3°。可得,丁苯橡胶改性沥青较基质沥青混合料的黏结力和内摩擦角分别提高了 11.5%、16.2%;复合改性沥青提升幅度最大,复合改性沥青较基质沥青混合料的黏结力和内摩擦角的提高幅度分别为 23.8% 和 27.6%。丁苯橡胶单一改性不如纳米碳酸钙、纳米氧化锌及丁苯橡胶复合改性效果好,相较于丁苯橡胶单一改性沥青混合料的黏结力和内摩擦角,三种改性剂复合后的黏结力和内摩擦角分别提高了 11.1% 和 10.7%。

沥青混合料中颗粒会被沥青所包裹,颗粒之间的作用存在相对位移时的摩擦力和沥青之间的黏结力。在高温环境下,当沥青混合料受到荷载作用时,被包裹的矿料颗粒之间除会有推挤作用外,还会发生相对位移而产生的摩擦力,当这个摩擦力超过允许值时,沥青混合料就会遭到破坏而失去承载力。改性沥青混合料内摩擦角的提高可以有效地改善沥青混合料的承载力。与此同时,沥青混合料之间也存在沥青的黏结作用,这些黏结力能够将被沥青包裹颗粒紧密地结合到一起,提高沥青混合料高温稳定性。

由于采用相同的矿料级配,即沥青级配对沥青混合料的影响程度可以忽略不计,所以沥青混合料的黏结力和内摩擦角均与沥青的性质有着密切的关系。究其原因可知,无机纳米材料及丁苯橡胶复合改性沥青的黏度和稠度均较基质沥青有明显改善,在高温环境下拥有较高的稳定性。

12.6 本章小结

基于实际路面使用情况的要求,以基质沥青混合料为对照组,进一步制备了丁苯橡胶改性沥青混合料及纳米碳酸钙、纳米氧化锌及丁苯橡胶复合改性沥青混合料,并采用了高温车辙试验、低温小梁弯曲试验、四点弯曲试验、浸水马歇尔试验、冻融劈裂强度试验和三轴压缩试验,分析评价了基质沥青混合料、丁苯橡胶改性沥青混合料和最佳掺量下的复合改性沥青混合料的高低温性能、水稳定性、抗疲劳性能以及抗剪性能,主要结论如下:

(1)随着碾压时间从 45 min 增加到 60 min,基质沥青混合料变形量增加了 11.4%,加入丁苯橡胶后改性沥青混合料变形量增加了 7.4%,在丁苯橡胶的基础上再加入纳米碳酸钙和纳米氧化锌后增加了 5.7%。加入丁苯橡胶后基质改性沥青混合料的动稳定度提高了 86.6%,再加入纳米材料后基质改性沥青混合料的动稳定度提高了 312%,表明由于丁苯橡胶和纳米碳酸钙和纳米氧化锌的加入,复合改性沥青混合料在高温条件下会使黏度增大,沥青与骨料更加紧密结合,凝胶型的沥青结构对复合改性沥青混合料的高温稳定性发挥积极作用,抗车辙能力因此得到提升。

(2)根据技术指标,三种混合料的最大弯拉应变均符合要求。加入丁苯橡胶后基质沥青混合料抗弯拉强度均值提高了 9.11%,最大弯拉应变均值提高了 24.8%,弯曲劲度模量均值降低了 12.6%,加入纳米材料后丁苯橡胶改性沥青混合料抗弯拉强度均值提高了 5.2%,最大弯拉应变均值提高了 12.0%,弯曲劲度模量均值降低了 6.1%。相比于丁苯橡胶单一改性方式,复合改性沥青混合的提升更为明显,说明纳米碳酸钙和纳米氧化锌的加入对于沥青混合料的低温抗裂性能力的增强作用更为明显。主要是纳米材料的加入使黏度增强,混合料的硬度条件得到提升,会比丁苯橡胶改性沥青混合料承受更大更多荷载,受到荷载时可以快速释放。这与延度指标和低温蠕变性能不同,纳米材料加入对复合改性沥青混合料的抗低温变形破坏能力有所提升。

(3)浸水时间相同的情况下,三种沥青混合料呈现出复合改性沥青混合料的残留稳定度>丁苯橡胶改性沥青混合料的残留稳定度>基质沥青混合料的残留稳定度的整体趋势,反映了改性剂的掺入能够改善沥青在冻融或水环境下的抗侵害能力。分析原因可知,加入外掺剂丁苯橡胶、纳米碳酸钙和纳米氧化锌,能够有效缩紧混合料之间的空隙,降低水对沥青路面的剥落冲刷损害,且三者外掺剂本身具有较高的吸油性,更加显著提升了沥青混合料在水环境下的敏感性能。综上所述,丁苯橡胶及纳米粒子的加入有效改善了沥青混合料内部的密实状态,显著提高了结合料与砂石之间的黏附力,从而提高了复合改性沥青混合料的抗水损害能力。

(4)在相同试验条件下,三种改性沥青混合料的疲劳寿命与应变水平的增加呈逐渐降低的趋势,说明应变增加会加快改性沥青混合料的破坏速度。在相同应变条件下,加入丁苯橡胶后基质沥青混合料的疲劳寿命分别增加了 35.7%、9.1%、6.8%;加入纳米碳酸钙和纳米氧化锌后丁苯橡胶改性沥青混合料的疲劳寿命分别增加了 33.5%、16.9%、13.9%,基质沥青的疲劳寿命分别增加了 81.2%、27.6%、21.6%,进一步说明加入纳米材料会增加丁苯橡胶改性沥青中的黏性成分,提高复合改性沥青的抗荷载变形能力和抗疲劳性能,改性剂的加入对提升基质沥青混合料疲劳性能特别是在 $400\ \mu\varepsilon$ 时有显著作用,故纳米碳酸钙、纳米氧化锌及丁苯橡胶复合改性沥青混合料的蠕变恢复能力更强,能够更好地适应路面行车荷载。

(5)沥青混合料的抗剪强度主要由内摩擦角和黏结强度两个指标表示。当沥青混合料的黏结力和内摩擦角较大时,其强度也随之变大。由沥青混合料的三轴试验结果可以看出,基质沥青掺入改性剂后,黏结力和内摩擦角有明显的上升趋势,说明基质沥青经过改性以后的抗剪切性能有所提升,丁苯橡胶改性沥青较基质沥青混合料的黏结力和内摩擦角分别提高了 11.5%、16.2%;复合改性沥青提升幅度最大,复合改性沥青较基质沥青混合料的黏结力和内摩擦角的提高幅度分别为 23.8% 和 27.6%。丁苯橡胶单一改性不如纳米碳酸钙、纳米氧化锌及丁苯橡胶复合改性效果好,相较于丁苯橡胶单一改性沥青混合料的黏结力和内摩擦角,三种改性剂复合后的黏结力和内摩擦角分别提高了 11.1% 和 10.7%。表明改性沥青混合料的内摩擦角的提高可以有效地改善沥青混合料的承载力。与此同时,沥青混合料之间也存在沥青的黏结作用,这些黏结力能够将被沥青包裹的颗粒紧密地结合到一起,提高沥青混合料的高温稳定性。

第 13 章 结论与展望

13.1 结 论

由于无机纳米碳酸钙、无机纳米氧化锌这两种纳米材料的自身性质,选用了不同的偶联剂,对其粒子表面进行了表面修饰处理。之后通过亲油化度试验确定了两种材料活化所需偶联剂的最佳偶联剂和最佳用量。通过对纳米碳酸钙改性沥青、纳米氧化锌改性沥青和丁苯橡胶改性沥青的针入度、软化点、延度及针入度指数、当量软化点、当量脆点的试验,分析得出了三种材料中三组最佳掺量,把这各种材料的三组最佳掺量进行了正交试验,又通过正交试验最终确定了每种材料的最佳掺量;通过对复合改性沥青进行老化试验、旋转黏度试验、动态剪切(DSR)试验、弯曲蠕变劲度(BBR)试验,评价了复合改性之后沥青的路用性能。最后,通过扫描电镜和红外光谱试验,对纳米碳酸钙、纳米氧化锌及丁苯橡胶复合改性沥青的微观形貌,材料与沥青的结合情况以及分散情况进行了分析。主要结论如下:

(1)纳米碳酸钙和纳米氧化锌未进行表面修饰前的亲油性要比表面修饰后的小很多,基本上没有亲油性。经过选用三种不同类型的偶联剂(KH-550、KH-570、铝酸酯)分别对纳米碳酸钙和纳米氧化锌进行表面修饰,之后进行亲油化度试验,确定了纳米碳酸钙最佳偶联剂为 KH-550,最佳剂量为 6%;纳米氧化锌最佳偶联剂为铝酸酯,最佳剂量为 6%。

(2)制备纳米碳酸钙改性沥青、纳米氧化锌改性沥青、丁苯橡胶改性沥青和三种材料复合改性时,采用了高速剪切法,但是具体的操作步骤根据材料性质的不同进行了略微的调整,从而使改性后的分散性及粒子与沥青的结合情况达到更好。

(3)通过对纳米碳酸钙改性沥青、纳米氧化锌改性沥青和丁苯橡胶改性沥青的针入度、软化点、延度及针入度指数、当量软化点、当量脆点的试验,分别得出了三种材料的三组最佳掺量,分别是纳米碳酸钙的三个掺量为 4%、5%、6%,纳米氧化锌的三个掺量为 1%、3%、5%,丁苯橡胶的三个掺量为 3%、4%、5%。

(4)把这三种材料的三组最佳掺量进行了正交试验,通过正交试验得出的结果,从针入度、软化点、延度这三个方面对复合改性沥青的最佳掺量组合进行了分析,最后根据综合平衡法和经济性原则,确定出最佳掺量即 4%纳米碳酸钙+5%纳米氧化锌+4%丁苯橡胶。

(5)通过对复合改性沥青进行老化试验、旋转黏度试验、动态剪切(DSR)试验、弯曲蠕变劲度(BBR)试验,分析基质沥青和复合改性沥青的路用性能,研究得出复合改性沥青的老化质量损失比基质沥青提高了 69.1%;复合改性沥青的黏度都大于基质沥青的黏度,比基质沥青提高了 14.6%~23.1%;复合改性沥青和短期老化后的复合改性沥青的高温性能比基质沥青和老化后基质沥青的高温性能要好;复合改性沥青低温性能的劲度模量 S 值相比基质沥青的 S 数值均是减小的,且三种温度条件下的下降比例分别为 15.6%、30.5%、17.3%,并且复合改性沥青的蠕变曲线斜率 m 值降低程度比基质沥青的要大。复合改性沥青相比基质沥青分别提高了 10.2%、9.1%、7.8%。

(6)通过扫描电子显微镜对复合改性沥青的微观形貌观察分析,得出如下结论:三种材料能够均匀的分散在沥青中,而且纳米碳酸钙和纳米氧化锌形成的网状结构结合丁苯橡胶粒子的填充,使改性沥青的结构稳定性变得更好,改性剂和基质沥青之间的连接变得更平顺,从而使复合改性沥青的整体性能也变得更好。又通过红外光谱试验,最后得出复合改性沥青制备的过程中与经过表面修饰后的纳米材料主要发生了化学反应,同时与丁苯橡胶聚合物材料发生了物理变化。

(7)级配为 AC-13 型的丁苯橡胶改性沥青混合料和复合改性沥青混合料的最佳油石比分别为 5.0% 和 5.1%。各项路用性能具体表现为:当碾压时间相同时,三种沥青混合料的变形量整体呈现为复合改性沥青<丁苯橡胶改性沥青<基质沥青,动稳定度相较于丁苯橡胶改性沥青和基质沥青分别提高了 121%、312%;最大弯拉应变均值分别增大了 12.0%、24.8%,弯曲劲度模量均值分别降低了 6.1%、12.6%;残留稳定度均值分别提高了 5.7%、9.4%,冻融劈裂强度比分别提高了 3.2%、9.4%;在相同 400 $\mu\varepsilon$ 应变水平下,改性剂的加入对沥青混合料疲劳性能有显著作用,平均疲劳寿命分别提高了 33.5%、81.2%,表明纳米碳酸钙、纳米氧化锌、丁苯橡胶三种改性剂的加入使沥青混合料的黏度增大,集料结合加强,可快速释放荷载,提升了纳米碳酸钙、纳米氧化锌、丁苯橡胶复合改性沥青混合料的高低温性能、抗荷载变形能力和抗疲劳破坏能力;沥青混合料的三轴试验结果表明,复合改性沥青较基质沥青混合料的黏结力和内摩擦角的提高幅度分别为 23.8% 和 27.6%,即复合改性沥青混合料的黏结力和内摩擦角均较基质沥青混合料有明显提高,沥青混合料的高温抗剪切性能得到改善。总体来看,纳米碳酸钙、纳米氧化锌、丁苯橡胶复合改性沥青各项路用性能满足道路铺筑要求,可以实现延长道路使用寿命的目的。

13.2　展　望

通过对复合改性沥青的路用性能研究,得出了纳米碳酸钙、纳米氧化锌和丁苯橡胶能够提高沥青的抗老化性、高温稳定性和低温抗裂性,因此可以被应用在今后的实际施工道路中。不过,这些研究是远远不够的,关于改性沥青的其他方面还需要进行研究:

(1)本次试验主要对基质沥青原材进行了研究,没有对其沥青混合料的路用性能及其微观形貌、微观机制等进行研究,因此对于沥青混合料的性能有待研究。

(2)由于试验条件的局限性,没有对复合改性沥青的差示扫描量热法试验进行研究分析。

(3)上述所有的试验都是在实验室相对理想的环境条件下进行的,因此还需要铺筑一段试验路来进行实际的验证,看能否在实际的环境条件下让其性能得到充分的提高。

参 考 文 献

[1] 饶宗皓,王宇,崔姝,等."十四五"高速公路建设重点解读[J].中国公路,2022,623(19):28-32.

[2] 李海东.高速公路经济论[D].成都:四川大学,2004.

[3] 庄洲泉,张宗明,曹峰.高速公路路基边坡破坏形式及防护措施[J].交通世界(运输车辆),2011(8):204-205.

[4] 王唐生.台湾高速公路[J].公路,1986(5):39-42.

[5] ZHOU L, HUANG W D, XIAO F P, et al. Shear adhesion evaluation of various modified asphalt binders by an innovative testing method[J]. Construction and Building Materials,2018,183: 253-263.

[6] 鲁玉莹,余黎明,方洁,等.聚合物改性沥青的研究进展[J].化工新型材料,2020,48(4):222-225,230.

[7] ALAM S, HOSSAIN Z. Changes in fractional compositions of PPA and SBS modified asphalt binders[J]. Construction and Buislding Materials,2017,152:386-393.

[8] 李立寒,张南鹭,孙大权,等.道路工程材料[M].北京:人民交通出版社,2009.

[9] 王浩杰. MOH半柔性路面与传统沥青路面施工装备比较研究[D].西安:长安大学,2019.

[10] 申来明,马庆伟.长寿命沥青路面与传统沥青路面的比较分析[J].交通标准化,2014,42(7):60-62.

[11] 刘宇.热氧水综合作用下的温拌橡胶沥青抗老化性能与机制的研究[D].广州:广州大学,2020.

[12] 郭桂宏,赵全满,卜鑫德.纳米材料在沥青路面中的应用进展[J].北方交通,2016(2):28-34.

[13] 张恒龙,朱崇政.表面修饰纳米材料二氧化硅对沥青性能的影响[J].建筑材料学报,2014,17(1).

[14] 张恒龙,朱崇政,吴超凡,等.多尺度纳米材料对再生沥青长期老化性能的影响[J].建筑科学与工程学报,2017,34(5).

[15] 张恒龙,谭邦耀,朱崇政.有机蛭石与纳米二氧化钛复配改性沥青的抗老化性能研究[J].中国科技论文,2016,11(7),728-732,750.

[16] 黄晓明,吴少鹏,赵永利.沥青与沥青混合料[J].南京:东南大学出版社,2002:17-18.

[17] LOEBER L, ALEXANDRE S, MULLER G. Bituminous Emulsions and their Characterization by Atomic Force Microscopy[J]. J Micross,2000,198(1):10-16

[18] LU X, ISACSSON U. Chemical and Rheological Characterization of Styrene-Butadiene-Strene Polymer-Modified Bitumens[J]. Transportation Research Record Journal of the Transportation Research Board, 1999,1661(1):83-92.

[19] LAL D, OTTO F D, MATHER A E. Solubility of Hydrogen in Athabasca bitumen[J]. Fuel,1999,78(12):1473-1441.

[20] H. I. AlAbdul Wahhab. Physicoemical characterization of Culf Asphalts[J]. Petroleum Sicence & Technology,1998.

[21] 郝培文.沥青与沥青混合料[M].北京:人民交通出版社,2009:13-15.

[22] SHAN W, GAO Z. Pavement Performance of Reunite-SBR Modified Emulsified Asphalt[J]. Journal of Northeast Forestry University,2007,35(2):64-66.

[23] ZHANG Q,FAN W,WANG T. Studies on the temperature performance of SBR modified asphalt emulsion International Conference on Electric Technology and Civil[J]. Engineering. IEEE,2011:730-733.

[24] 郭栋. 丁苯橡胶 SBR 与 TLA 复合改性沥青与沥青混合料性能研究[D]. 长沙:湖南大学,2018.

[25] MURAKAMI Munchiro. Modified Asphalt and Production[J]. JpnKokai Tokkyo Koho, 1987.

[26] ZHANG Baochang, XI Man. The effect of styrene-butadiene-rubber/montmorillonite modification on the characteristics and properties of asphalt[J]. Construction&Building Materials,2009,23(10):3112-3117.

[27] 李玉芳,伍小明. 我国丁苯橡胶的生产消费现状及发展建议[J]. 橡胶科技市场,2006(19):1-4,6.

[28] 郝培文,刘红瑛. 丁苯橡胶改性沥青低温抗开裂性能的研究[J]. 东北公路,1995(1):16-19.

[29] 张敏江,焦兴华,陈刚. SBR 改性沥青老化动力性能[J]. 沈阳建筑大学学报(自然科学版), 2009, 25(3):478-481.

[30] 吴欢,梁乃兴. SBR 改性沥青混合料紫外光照老化分析[J]. 重庆交通大学学报(自然科学版), 2007, 26(2):72-74.

[31] 尹应梅, 张荣辉. Evotherm 温拌 SBR 改性沥青高温性能研究[J]. 公路工程, 2010, 35(4):39-41.

[32] 周丽峰. BRA 与 SBR 复合改性沥青及其混合料技术性能研究[J]. 公路工程, 2014(6):277-282.

[33] 余志刚. 高模量剂与 SBR 复合改性沥青及其混合料性能研究[J]. 公路工程, 2017, 42(2):272-277.

[34] 赵毅,陈玉欣,秦旻,等. SBR 改性沥青混合料低温稳定性研究[J]. 公路工程, 2014, 39(2):269-273.

[35] 程培峰,李艺铭. DTDM 对 SBR 改性沥青性能及混合料路用性能的影响[J]. 中公路,2017,37(4):294-297.

[36] 董天威. 纳米 ZnO/SBS/SBR 复合改性材料性能研究[D]. 重庆:重庆交通大学,2020.

[37] 温贵安,张勇,张隐西. 丁苯橡胶改性沥青的高性能化和稳定化[J]. 合成橡胶工业,2003,26(5):296-300.

[38] 王枫成. 丁苯橡胶改性沥青老化前后性能对比分析[J]. 公路,2019(11):204-209.

[39] 丛玉凤,唐东,黄玮,等. 新型丁苯橡胶复合改性沥青的制备及性能分析[J]. 化工新型材料,2018, 46(2):268-271.

[40] 刘树彬,武戈. 中国纳米碳酸钙生产现状[C]//中国无机盐工业协会钙镁盐分会 2010 年论文集,2016.

[41] 马峰. 纳米碳酸钙改性沥青路用性能及改性机理研究[D]. 西安:长安大学,2004.

[42] 马峰,张超,傅珍. 纳米碳酸钙改性沥青的 DSC 分析[J]. 郑州大学学报(工学版),2006,27(4):49-52.

[43] 刘大梁,姚洪波,包双雁. 纳米碳酸钙和 SBS 复合改性沥青的性能[J]. 中南大学学报(自然科学版),2007,38(3):579-582.

[44] 张荣辉,曾志煌,李毅. 纳米碳酸钙和橡胶粉复合改性沥青性能研究[J]. 新型建筑材料,2010,37(5):63-65.

[45] 常海洲,张洪亮. 纳米 $CaCO_3$/SBS 复合改性沥青性能与机理的研究[J]. 公路交通科技(应用技术版),2013(11):9-16.

[46] 孙培,韩森,张洪亮,等. 纳米 $CaCO_3$/SBR 复合改性沥青及混合料的高温性能[J]. 材料导报,2016,30(4):122-126.

[47] 张立香. 纳米 $CaCO_3$/SBS 复合改性沥青混合料的路用性能[J]. 黑龙江交通科技,2019(2):2-3.

[48] 李增杰,杨仲尼,苏聚卿. 有机化改性纳米碳酸钙对沥青抗老化性能的影响研究[J]. 公路,2018(11):259-264.

[49] SAMY M El-Shall, GRAIVER D, PERNISZ U. Synthesis and characterization of nanoscale zinc oxide particles：I. laser vaporization/condensation technique[J]. Nanostructured Materials, 1995, 6(1):

297-300.

[50] 孙璐,辛宪涛,于鹏. 纳米 SiO₂ 改性沥青混合料的路用性能[J]. 公路交通科技,2013,30(8): 1-5.

[51] 张华. 纳米氧化锌/SBS 改性沥青混合料路用性能评价[J]. 中外公路,2016,36(2):289-292.

[52] 赵宝俊,赵士峰,张洪亮,等. 纳米 CaCO₃/SBR 复合改性沥青的性能与机理[J]. 长安大学学报 (自然科学版),2017,37(5):15-22.

[53] 樊亮,裴金荣,李永振. 纳米 TiO₂ 改性沥青的路用性能与抗老化效果研究[J]. 化工新型材料, 2019,47(7):257-261,265.

[54] 马正先,韩跃新,郑光熙,等. 纳米氧化锌的应用研究[J]. 化工进展,2002,21(1):60-69.

[55] 崔茂,辛公明,李德祥. 纳米氧化锌和 SDS 促进二氧化碳水合物生成特性实验研究[J]. 低碳化学与 化工,2024(3):1-12.

[56] ARABANI M,SHAKERI V,SADEGHNEJAD M,et al. Experimental Inbestigation of Nano Zinc Oxide Effect on Creep Compliance of Hot MixAsphalt[C]//HOWSON J E,LYTTON R L. 7th Symposium on Advences in Science and Technology. Bandar-Abbas:Neumann&Giese,2013:156-163.

[57] LIU H Y,ZHANG H L,HAO P W,et al. The Effect of Surface Modifiers on Ultraviolet Aging Properties of Nano-zinc Oxide Modified Bitumen[J]. Petroleum Science and Technology, 2015, 33(1):72-78.

[58] ZHU Chongzheng,ZHANG Henglong,SHI Caijun,et al. Effect of nano-zinc oxide and organic expanded vermiculite on rheological properties of different bitumens before and after aging[J]. Construction and Building Materials, 2017, 146: 30-37.

[59] XU Xu,GUO Haoyan,WANG Xiaofeng,et al. Physical properties and anti-aging characteristics of asphalt modified with nano-zinc oxide powder[J]. Construction and Building Materials, 2019, 224(C): 732-742.

[60] LI R,DAI Y,WANG P,et al. Evaluation of Nano-ZnO Dispersed State in Bitumen with Digital Imaging Processing Techniques[J]. Journal of Testing and Evaluation, 2018, 46(3): 20160401.

[61] MEHMET Saltan,SERDAL Terzi,SEBNEM Karahancer. Mechanical Behavior of Bitumen and Hot-Mix Asphalt Modified with Zinc Oxide Nanoparticle[J]. Journal of Materials in Civil Engineering, 2019, 31 (3).

[62] HAMEDI,GHOLAM Hossein,NEJAD,et al. Estimating the moisture damage of asphalt mixture modified with nano zinc oxide[J]. Materials and structures, 2016, 49(4): 1165-1174.

[63] FAKHRI Mansour,SHAHRYARI Ehsan. The effects of nano zinc oxide (ZnO) and nano reduced graphene oxide (RGO)on moisture susceptibility property of stone mastic asphalt (SMA)[J]. Case Studies in Construction Materials, 2021, 15.

[64] 陈渊召,陈爱玖,李超杰. 纳米氧化锌改性沥青混合料性能分析[J]. 中国公路学报,2017,30(7): 25-32.

[65] 詹易群. 纳米氧化锌与湖沥青复配改性沥青性能研究[D]. 长沙:长沙理工大学,2020.

[66] 张明祥. 纳米氧化锌改性沥青及其抗老化性能研究[D]. 西安:长安大学,2015.

[67] 朱曲平. 纳米 ZnO 改性沥青的制备及性能研究[J]. 应用化工. 2019,48(5):1031-1034.

[68] 王玲玲,赵永红,任真. 改性纳米氧化锌对煤沥青延伸性能的影响[J]. 化工新型材料,2013,41(4): 164-166.

[69] 李玉霞,任真,郭建平. 纳米氧化锌棒的制备及在路用煤沥青中的应用研究[J]. 化工新型材料, 2014,42(5).

[70] 马爱群,李雪峰. 纳米氧化性 SBS 改性沥青及其混合料性能试验研究[J]. 中外公路,2009,29(5):

218-220.

[71] 李雪峰,肖鹏. 纳米 ZnO/SBS 改性沥青的研究[J]. 石油沥青,2006(5):15-20.

[72] 肖鹏,周鑫,张吴红. 改性沥青微观结构与宏观性能关系研究[J]. 中外公路,2010,30(3):244-247.

[73] ZHU Chongzheng,ZHANG Henglong,SHI Caijun,et al. Effect of nano-zinc oxide and organic expanded vermiculite on rheological properties of different bitumens before and after aging[J]. Construction and Building Materials,2017(146):30-37.

[74] ZHANG Henglong,ZHU Chongzheng,YU Jianying,et al. Influence of surface modification on physical and ultraviolet aging resistance of bitumen containing inorganic nanoparticles[J]. Construction and Building Materials,2015(98):735-740.

[75] 杨晨光,赵士峰. 纳米 ZnO/橡胶粉复合改性沥青的性能研究[J]. 公路交通科技,2013(11):23-27.

[76] LENOBLE C. PERFORMANCE/MICROSTRUCTURE RELATIONSHIP OF BLENDS OFASPHALTS WTTH TWO INCOMPATIBLE POLYMERS[J]. Liquid Fuels Technology,1990,10(4-6):549-564.

[77] AIT-KADI A, BRAHIMI B, BOUSMINA M. Polymer blends for enhanced asphalt binders[J]. Polymer Engineering & Science, 1996,36(12):1724-1733.

[78] OUYANG C,WANG S,ZHANG Y,et al. Preparation and properties of styrene-butadiene-styrene copolymer/kaolinite clay compound and asphalt modified with thecompound[J]. Polymer Degradation & Stability,2005,87(2):309-317.

[79] KEYF S,ISMAIL O,Corbac B oglu D,et al. The Modification of Bitumen with Synthetic Reactive Ethylene Terpolymer and Ethylene Terpolymer[J]. Petroleum Scienceand Technology,2007,25(5).

[80] MONTANELLi Eng. Filippo,ITERCHIMICA srl. Fiber/Polymeric Compound for High Modulus Polymer-Modified Asphalt (PMA)[J]. Procedia-Social and Behavioral Sciences,2013,104.

[81] AMERI M,VAMEGH M,ROOHOLAMINI,H,et al. Investigating Effects of Nano/SBR Polymeron Rutting Performance of Binder and Asphalt Mixture[J]. Advances in MaterialsScience and Engineering,2018:1-7.

[82] KARAHANCER S . Investigating the performance of cuprous oxide nano particle modified asphalt binder and hot mix asphalt[J]. Construction and Building Materials,2019,212(10):698-706.

[83] JAHROMI S G,KHODAII A. Effects of nanoclay on rheological properties of bitumen binder[J]. Construction and Buildinging Materials,2009,23(8):2894-2904.

[84] SHAFABAKHSH G H,ANI O J. Experimental investigation of effect of Nano TiO$_2$/SiO$_2$ modified bitumen on the rutting and fatigue performance of asphalt mixtures containing steel slag aggregates[J]. Construction and Building Materials, 2015,98(15):692-702.

[85] MARASTEANU M, FALCHETTO A C, VELASQUEZ R, et al. On the representative volume element of asphalt concrete at low temperature [J]. Mechanics of Time-Dependent Materials, 2016, 20 (3):343-366.

[86] 马峰,张超,傅珍. 纳米碳酸钙改性沥青的路用性能及机理研究[J]. 武汉理工大学学报(交通科学与工程版),2007,31(1):88-91.

[87] 邱泽. 延时老化试验研究纳米碳酸钙对沥青抗老化性能的影响[J]. 武汉理工大学学报(交通科技与工程版),2018(6):1063-1067.

[88] 谷雨. 热再生沥青混合料配合比设计与性能研究[D]. 重庆:重庆交通大学,2013.

[89] 张鹏. 碳纳米管对 SBS 改性沥青性能影响研究[J]. 甘肃科学学报,2019,31(5):143-146.

[90] 陈正伟,赵士峰,张洪亮,等. 纳米 CaCO$_3$/TiO$_2$/SBR 复合改性沥青性能与机理研究[J]. 重庆交通大学学报(自然科学版),2017,36(10):31-36.

[91] 孙杰. SiC 纳米改性沥青及其混合料性能试验研究[D]. 长沙:长沙理工大学,2017.

［92］欧阳春发.聚合物/填料复合物改性沥青性能与结构研究［D］.上海:上海交通大学,2006.

［93］刘朝晖,张景怡,周婷,等.路面粘层复合改性沥青材料研发与性能评价［J］.材料导报,2014,28(4):134-139.

［94］杨光.季冻区工厂化废橡胶粉/SBS复合改性沥青(CR/SBSCMA)及混合料性能研究［D］.西安:长安大学,2016.

［95］王鹏.碳纳米管/聚合物复合改性沥青界面增强机制及流变特性研究［D］.哈尔滨:哈尔滨工业大学,2017.

［96］Saeed Ghaffarpour Jahromi;Behrooz Andalibizade;A. li Khodaii. Mechanical Behavior of Nanoclay Modified Asphalt Mixtures,Journal of Testing and Evaluation:A Multidisciplinary Forum for Applied Sciences and Engineering. 2010.

［97］KHATTAK M J,KHATTAB A,Rizvi H R. Mechanistic Characteristics of asphalt Binder and Asphalt Matrix Modified with Nano-Fibers. 2011. Dallas,TX:ASCE.

［98］苏曼曼,高阳.基于MMLS3的纳米复合改性沥青混合料高温稳定性研究［J］.公路,2017(8):221-227.

［99］ARKLES B. Tailoring surfaces with silanes［J］. Chem Tech,1977(7):766.

［100］周莉,臧树良,胡秀英.纳米氧化锌的表面改性研究［J］.石油化工高等学校学报,2009,22(2):5-8.

［101］刘彪,黄志轩,周垚,等.纳米氧化锌、碳酸钙材料改性沥青混合料路用性能的试验研究［J］.北方交通,2020,322(2):52-56.

［102］徐广坤,袁洪福,陆婉珍.现代近红外光谱技术及应用进展［J］.光谱学与光谱分析,2000,20(2):134-142.

［103］孙式霜,王彦敏,张爱勤.紫外线吸收抗老化剂在沥青混合料中的应用［J］.公路工程. 2012,37(4):109-113.

［104］张晓华.纳米碳酸钙改性沥青及其混合料的性能研究［D］.长沙:长沙理工大学,2017.

［105］ZHANG H B,ZHANG H L,KE N X,et al. The Effect of Different Nanomaterials on the Long-term Aging Properties of bitumen［J］. Petroleum Science and Technology,2015,33(4):388-396.

［106］LI R,PEI J,SUN C L. Effect of Nano-ZnO with Modified Surface on Properties of Bitumen［J］. Construction and Building Materials,2015,98:656-661.

［107］刘衫.丁苯橡胶乳化沥青及其与纳米SiO2复合改性乳化沥青研究［D］.长沙:湖南大学,2006.

［108］张恒龙.沥青/无机纳米复合材料的制备与性能研究［D］.武汉:武汉理工大学,2012.

［109］王玉峰.纳米改性沥青及其性能的研究［D］.重庆:重庆大学,2017.

［110］张丽宏.沥青黏度影响因素的研究［J］.石油沥青,2014,28(4):68-72.

［111］高蕾.石油沥青旋转黏度时间与温度影响因素分析［J］.山东化工,2015,44:80-82.

［112］赵士峰.夏热冬寒地区纳米改性沥青研究［D］.西安:长安大学. 2014.

［113］孙璐,辛宪涛,王鸿遥.多维数多尺度纳米材料改性沥青的微观机理［J］.硅酸盐学报,2012,40(10):1437-1447.

［114］肖鹏,李雪峰.纳米ZnO/SBS改性沥青微观结构与共混机理［J］.江苏大学学报(自然科学版),2014,27(6):548-551.

［115］康爱红,肖鹏,周鑫.纳米ZnO/SBS改性沥青储存稳定性及其机理分析［J］.江苏大学学报(自然科学版),2010,31(4):412-421.

［116］肖鹏,郑家辉,丁燕.基于流变指标的胶粉复合改性沥青热氧老化程度评估［J］.材料科学与工程学报,2019.

［117］姚辉,李亮,杨小礼.纳米材料改性沥青的微观和力学性能研究［J］.建筑材料学报,2011,14(5):

712-717.

[118] 张起森,肖鑫.沥青及沥青混合料本构模型与微观结构研究综述[J].中国公路学报,2016,29(5).

[119] 公路沥青路面施工技术规范:JTG F40—2004[S].

[120] 公路工程集料试验规程:JTG E42—2005[S].

[121] 公路工程沥青及沥青混合料试验规程:JTG E20—2011[S].

[122] 谢泽华.沥青混合料高温稳定性三轴试验研究[D].长沙:长沙理工大学,2006.